Comprendre

la Terre

Éditeur	Jacques Fortin
Directeur éditorial	François Fortin
Rédacteur en chef	Serge D'Amico
Illustrateur en chef	Marc Lalumière
Directrice artistique	Rielle Lévesque
Designer graphique	Anne Tremblay
Rédacteurs	Nathalie Fredette
	Stéphane Batigne
	Josée Bourbonnière
	Claude Lafleur
	Agence Science-Presse
Illustrateurs	Jean-Yves Ahern
	Maxime Bigras
	Patrice Blais
	Yan Bohler
	Mélanie Boivin
	Charles Campeau
	Jocelyn Gardner
	Jonathan Jacques
	Alain Lemire
	Raymond Martin
	Nicolas Oroc
	Carl Pelletier
	Simon Pelletier
	Frédérick Simard
	Mamadou Togola
	Yan Tremblay

Documentalistes-recherchistes	Anne-Marie Villeneuve	**Graphistes**	Lucie Mc Brearty
	Anne-Marie Brault		Véronique Boisvert
	Kathleen Wynd		Geneviève Théroux Béliveau
	Jessie Daigle	**Consultante**	Michèle Fréchet
Responsable de la production	Mac Thien Nguyen Hoang	**Correction**	Liliane Michaud
	Guylaine Houle		
Technicien en préimpression	Tony O'Riley		

Données de catalogage avant publication (Canada)

Vedette principale au titre : Comprendre la terre

(Les guides de la connaissance; 2)
Comprend un index.

ISBN 2-7644-0802-1

1. Terre- Encyclopédies. 2. Géologie - Encyclopédies. 3. Géographie - Encyclopédies. 4. Géomorphologie - Encyclopédies 5. Cartographie - Encyclopédies. I. Collection : Guides de la connaissance; 2.

QE5.C65 2001   550'.3   C2001-940320-8

Comprendre la terre fut conçu et créé par **QA International**, une division de Les Éditions Québec Amérique inc., 329, rue de la Commune Ouest, 3ᵉ étage Montréal (Québec) H2Y 2E1 Canada **T** 514.499.3000 **F** 514.499.3010

©2001 Éditions Québec Amérique inc.

Nous reconnaissons l'aide financière du gouvernement du Canada par l'entremise du Programme d'aide au développement de l'industrie de l'édition (PADIÉ) pour nos activités d'édition.
Les Éditions Québec Amérique tiennent également à remercier les organismes suivants pour leurs appuis financiers :

Imprimé et relié en Slovaquie.
10 9 8 7 6 5 4 3 2 1   02 01 00 99
www.quebec-amerique.com

Comprendre

la Terre

QUÉBEC AMÉRIQUE

Table des

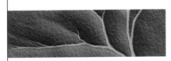

matières

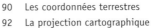

Née d'un nuage de poussière spatiale il y a environ 4,6 milliards d'années, la Terre n'a pas toujours ressemblé à la planète que nous connaissons aujourd'hui. Au contraire, elle s'est constamment transformée tout au long de son histoire, devenant de plus en plus organisée, de plus en plus complexe. Cette fascinante évolution nous est révélée par les roches et les fossiles, témoins des premiers temps de notre planète.

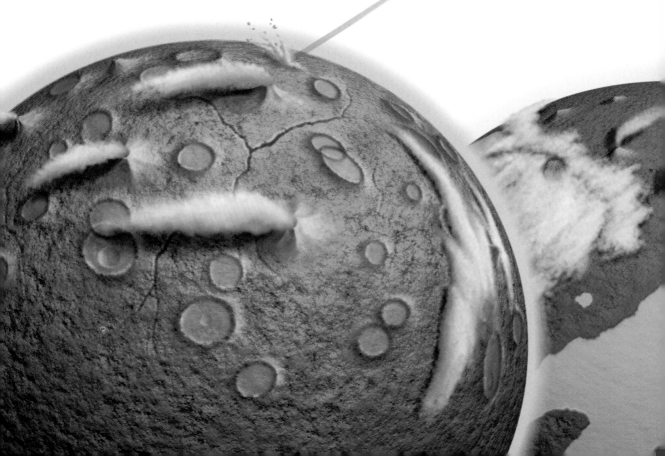

L'histoire de la Terre

La naissance de la Terre

Comment tout a commencé

Il y a quelque 5 milliards d'années, le système solaire comprenant la Terre n'existait pas. Ce n'était qu'un immense nuage de poussière et de gaz diffus tournant lentement sur lui-même. Avec le temps, le Soleil naît, puis c'est le tour des neuf planètes, dont la Terre, qui se forment un peu à la manière de boules de neige, par agglomération de matière au sein de cette nébuleuse originelle.

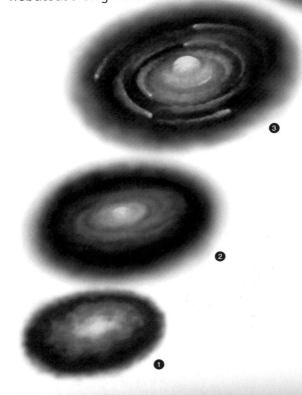

SORTIE D'UN NUAGE DE POUSSIÈRE

Tout commence il y a quelque 4,6 milliards d'années, dans l'un des bras spiraux de la Voie lactée. Sous l'effet d'une onde de choc provenant probablement de l'explosion d'étoiles massives, un nuage de poussière (la **nébuleuse primitive**) commence à graviter ❶.

Au centre de ce nuage, la matière devient de plus en plus dense, chaude, puis lumineuse. Elle engendre un embryon d'étoile, qui devient le **Soleil** ❷.

Les poussières environnantes s'agglomèrent. Des petits cailloux, dont la taille devient de plus en plus imposante, forment des embryons de planètes, ou **protoplanètes**, de quelques kilomètres de diamètre ❸.

Ces protoplanètes entrent en collision les unes avec les autres et s'agglomèrent jusqu'à atteindre la taille de **planètes** (de plusieurs milliers de kilomètres). Durant des centaines de millions d'années, les planètes naissantes, dont la Terre, subissent le bombardement intense des autres corps rocheux ❹.

DE LA LAVE À LA VIE

À ses débuts, il y a environ 4,6 milliards d'années, la Terre est entièrement couverte d'un **océan de lave brûlante** – de la roche liquide – de plusieurs centaines de kilomètres d'épaisseur. Elle ne possède alors ni croûte ni noyau ❺.

Petit à petit, cet océan de lave se refroidit. Des **morceaux de croûte** se forment et flottent à la surface de la planète, laquelle est toujours intensément bombardée par les météorites et les comètes ❻.

Avec le temps, une **croûte primitive** se forme. Les éléments lourds comme le fer et le nickel se concentrent pour former le noyau tandis que les éléments plus légers (oxygène, silicium, aluminium, etc.) composent la croûte ❼.

La Terre est aussi le théâtre d'une intense activité volcanique, qui mène à l'expulsion de gaz légers et libère une **atmosphère primitive** radicalement différente de la nôtre. En se condensant, la vapeur d'eau forme des nuages ; l'apparition de la pluie permet la création des lacs, des rivières et des océans. Parallèlement, la croûte se disloque et donne naissance aux continents ❽.

La présence de continents, d'océans et d'une atmosphère pauvre en oxygène qui permet la formation de molécules de plus en plus complexes engendre un phénomène remarquable : la **vie**. Moins d'un milliard d'années après la naissance de la Terre, cette vie apparaît dans les océans ❾. Elle mettra quelques milliards d'années pour s'étendre sur les continents…

météorite

volcan

cratère

continent

océan

L'échelle du temps géologique

Aux origines de la vie

Depuis son apparition, il y a 4,6 milliards d'années, la Terre a connu un très grand nombre de transformations. À ses débuts, elle ne ressemblait aucunement à ce que nous avons aujourd'hui sous les yeux. Le paysage terrestre s'est modifié très lentement : des continents et des océans se sont formés, des espèces animales et végétales sont apparues puis elles ont été remplacées par d'autres...

Afin de déterminer et dater les transformations majeures de ce monde en perpétuel changement, les géologues ont créé une échelle des temps géologiques.

LES DÉBUTS DU MONDE : UNE VIE AQUATIQUE

Le précambrien ❶ est la période la plus lointaine et la plus longue de l'histoire de la Terre. C'est durant cette période que se sont formés, il y a environ 4 milliards d'années, la croûte terrestre, puis les continents et les océans. Puis, 500 millions d'années plus tard, la vie se manifeste. Les premiers organismes cellulaires apparaissent, de même que les premières bactéries et les premières algues.

Au cambrien ❷, divers groupes d'invertébrés évoluent dans des mers peu profondes qui recouvrent une bonne partie de la Terre.

Les premiers vertébrés apparaissent à la période suivante : l'ordovicien ❸. On y trouve également en abondance des coraux, des éponges et des mollusques, comme les céphalopodes.

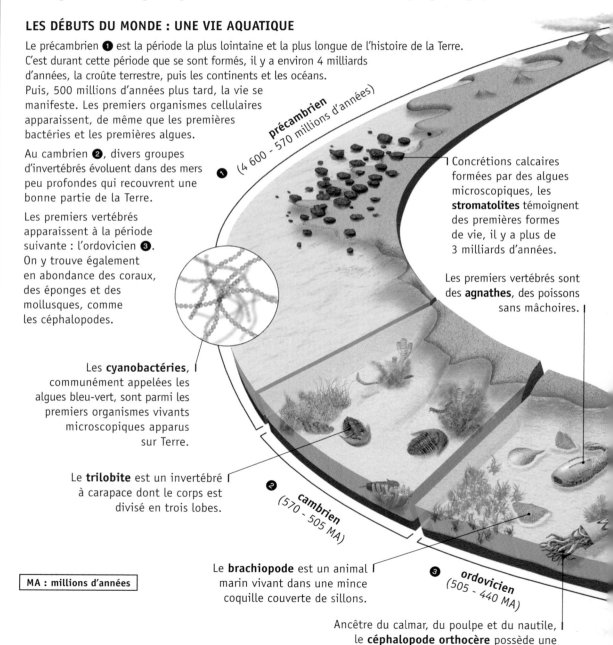

précambrien
❶ (4 600 - 570 millions d'années)

Concrétions calcaires formées par des algues microscopiques, les **stromatolites** témoignent des premières formes de vie, il y a plus de 3 milliards d'années.

Les premiers vertébrés sont des **agnathes**, des poissons sans mâchoires.

Les **cyanobactéries**, communément appelées les algues bleu-vert, sont parmi les premiers organismes vivants microscopiques apparus sur Terre.

Le **trilobite** est un invertébré à carapace dont le corps est divisé en trois lobes.

❷ **cambrien** (570 - 505 MA)

Le **brachiopode** est un animal marin vivant dans une mince coquille couverte de sillons.

❸ **ordovicien** (505 - 440 MA)

Ancêtre du calmar, du poulpe et du nautile, le **céphalopode orthocère** possède une coquille droite ou légèrement incurvée.

MA : millions d'années

L'HISTOIRE DE LA TERRE SUR UNE ANNÉE...

4,6 milliards d'années d'évolution : il est difficile de concevoir un tel nombre. On peut s'en faire une idée en ramenant cette période sur un an. Imaginons que la Terre ait été créée le 1er janvier à minuit. La première forme de vie apparaît vers le mois d'avril. Les végétaux commencent à croître sur la terre ferme à la fin novembre. Les dinosaures voient le jour vers la mi-décembre, pour disparaître le 25 décembre vers 19 heures. L'espèce humaine peuple la Terre le 31 décembre à 23 h 25 et construit les pyramides d'Égypte à 23 heures 59 minutes 29 secondes. La découverte de l'Amérique se réalise à 23 heures 59 minutes 57 secondes !

À LA CONQUÊTE DE LA TERRE

Au cours du silurien ❹, les premières plantes terrestres font leur apparition. On commence à trouver dans les eaux des poissons à mâchoires.

Le dévonien ❺ marque l'arrivée des insectes et des premiers animaux terrestres, les amphibiens. Lors de cette période, les poissons se diversifient et les continents, jusqu'alors déserts, se couvrent de prêles et de fougères.

Pendant le carbonifère ❻, l'élévation du niveau de la mer entraîne le développement d'immenses marécages, toute cette végétation finissant par pourrir et former des couches de tourbe qui seront à l'origine des dépôts de charbon. Les premiers reptiles voient le jour.

Les **fougères** commencent à croître sur le bord de l'eau. Certaines sont petites, d'autres sont géantes et hautes comme les arbres d'aujourd'hui.

Les plus anciens insectes ailés datent de cette époque. Parmi ceux-ci : la **libellule géante meganeura** de 70 cm d'envergure.

Le plus ancien insecte connu, l'**archaeognathe**, ne possède pas d'ailes, mais il est pourvu de longues antennes.

Dans les forêts de conifères, on trouve des mille-pattes comme l'**arthropleura** pouvant mesurer 2 m de long.

Avec le temps, les nageoires de certains poissons se transforment en membres. L'**ichtyostéga** est l'un des premiers amphibiens à voir le jour. Sa queue rappelle toujours celle d'un poisson.

Les requins comptent parmi les poissons dominants du carbonifère. Certaines espèces particulières, comme le **falcatus**, ont un aiguillon denté au-dessus de la tête.

Les **acanthodiens**, premiers poissons à mâchoires, apparaissent au silurien. Leurs nageoires possèdent de longues épines.

Le **cooksonia** est parmi les premières plantes qui gagnent la terre. C'est une plante à tige, sans feuilles ni racines.

❹ **silurien** (440 - 410 MA)

❺ **dévonien** (410 - 360 MA)

❻ **carbonifère** (360 - 286 MA)

La vie à l'assaut des continents

Des organismes de plus en plus complexes

REPTILES, MAMMIFÈRES ET DINOSAURES

Au permien ❼, on trouve les reptiles en abondance. Ceux-ci supplantent les amphibiens lorsque se produit un assèchement du climat. Les masses continentales forment alors un seul supercontinent : la Pangée.

Au cours du trias ❽, ce supercontinent se disloque pour donner naissance aux continents actuels. Les mammifères, les dinosaures et plusieurs reptiles aquatiques font leur apparition.

Pendant la période suivante, au jurassique ❾, le morcellement de la Pangée forme une zone de rupture qui crée l'océan Atlantique. Les dinosaures comme le platéosaure ou le brontosaure dominent alors le monde. Certains reptiles et les premiers oiseaux prennent leur envol. Les plantes à fleurs croissent.

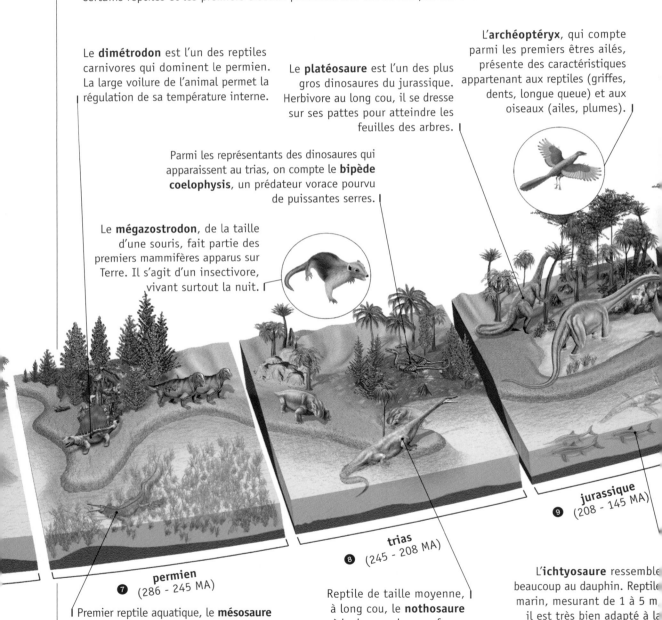

Le **dimétrodon** est l'un des reptiles carnivores qui dominent le permien. La large voilure de l'animal permet la régulation de sa température interne.

Le **platéosaure** est l'un des plus gros dinosaures du jurassique. Herbivore au long cou, il se dresse sur ses pattes pour atteindre les feuilles des arbres.

L'**archéoptéryx**, qui compte parmi les premiers êtres ailés, présente des caractéristiques appartenant aux reptiles (griffes, dents, longue queue) et aux oiseaux (ailes, plumes).

Parmi les représentants des dinosaures qui apparaissent au trias, on compte le **bipède coelophysis**, un prédateur vorace pourvu de puissantes serres.

Le **mégazostrodon**, de la taille d'une souris, fait partie des premiers mammifères apparus sur Terre. Il s'agit d'un insectivore, vivant surtout la nuit.

jurassique
❾ (208 - 145 MA)

trias
❽ (245 - 208 MA)

permien
❼ (286 - 245 MA)

L'**ichtyosaure** ressemble beaucoup au dauphin. Reptile marin, mesurant de 1 à 5 m, il est très bien adapté à la vie aquatique.

Premier reptile aquatique, le **mésosaure** est un animal de petite taille, au long museau pointu, nageant dans les eaux peu profondes.

Reptile de taille moyenne, à long cou, le **nothosaure** possède des membres en forme de palette adaptés à la nage.

L'ARRIVÉE DE L'HOMME

Les dinosaures, qui règnent encore pendant une partie du crétacé ❿, disparaissent brutalement à la fin de cette période, probablement à la suite de la chute d'une gigantesque météorite qui provoque l'extinction des trois quarts des espèces végétales et animales.

Les premiers primates et les premiers grands singes voient le jour au tertiaire ⓫. Les mammifères se diversifient : on voit apparaître notamment des chevaux, des chameaux, des rhinocéros et des éléphants. Un refroidissement climatique se traduit par l'apparition de prairies.

Par la suite, l'ère quaternaire ⓬ est ponctuée de quatre périodes glaciaires ; les glaciers atteignent leur extension maximale il y a 18 000 ans, pour commencer à se retirer 8 000 ans plus tard. Les mammifères et les oiseaux dominent la planète au cours de cette ère et les premiers humains apparaissent : *Homo habilis*, *Homo erectus* et *Homo sapiens*. Le temps historique commence avec l'invention de l'écriture, il y a 5 000 ans.

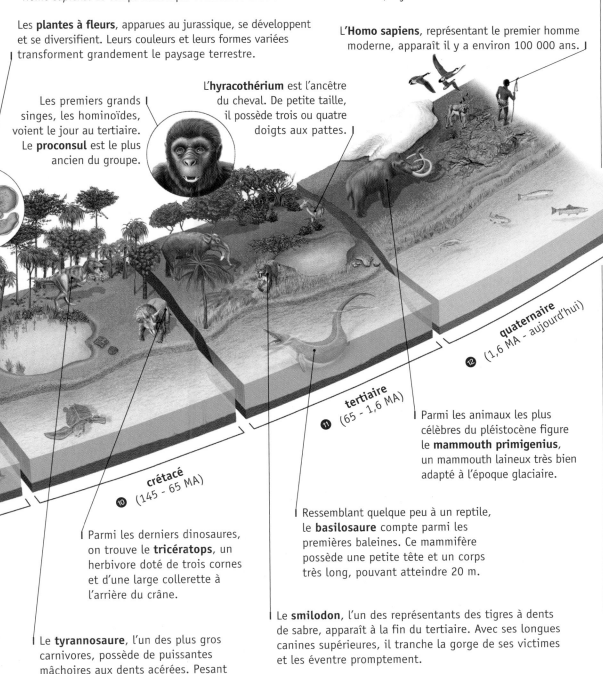

Les **plantes à fleurs**, apparues au jurassique, se développent et se diversifient. Leurs couleurs et leurs formes variées transforment grandement le paysage terrestre.

L'**Homo sapiens**, représentant le premier homme moderne, apparaît il y a environ 100 000 ans.

Les premiers grands singes, les hominoïdes, voient le jour au tertiaire. Le **proconsul** est le plus ancien du groupe.

L'**hyracothérium** est l'ancêtre du cheval. De petite taille, il possède trois ou quatre doigts aux pattes.

quaternaire
(1,6 MA - aujourd'hui)
⓬

tertiaire
(65 - 1,6 MA)
⓫

crétacé
(145 - 65 MA)
❿

Parmi les animaux les plus célèbres du pléistocène figure le **mammouth primigenius**, un mammouth laineux très bien adapté à l'époque glaciaire.

Parmi les derniers dinosaures, on trouve le **tricératops**, un herbivore doté de trois cornes et d'une large collerette à l'arrière du crâne.

Ressemblant quelque peu à un reptile, le **basilosaure** compte parmi les premières baleines. Ce mammifère possède une petite tête et un corps très long, pouvant atteindre 20 m.

Le **smilodon**, l'un des représentants des tigres à dents de sabre, apparaît à la fin du tertiaire. Avec ses longues canines supérieures, il tranche la gorge de ses victimes et les éventre promptement.

Le **tyrannosaure**, l'un des plus gros carnivores, possède de puissantes mâchoires aux dents acérées. Pesant 5 tonnes, il mesure environ 14 m de longueur et de 5 à 6 m de hauteur.

MA : millions d'années

La connaissance des temps géologiques

Les sources de la datation

Quel âge ont les roches les plus anciennes ? Quel climat régnait sur Terre il y a 300 millions d'années ? Quand la vie aquatique a-t-elle cédé la place à la vie terrestre ? À quel moment sont apparus les oiseaux, les conifères, les dinosaures ou les fleurs ? L'un des grands défis des géologues est précisément de répondre à de telles questions. Pour dater une période passée en l'absence de documents écrits, ils ont notamment recours à deux méthodes : la datation relative et la datation absolue.

LES VESTIGES DU TEMPS

Ensevelis sous des couches de roches sédimentaires, les fossiles forment les vestiges du passé. Ce sont le plus souvent les parties dures (os, coquille, etc.) des animaux et des plantes qui sont conservées. Ici, une ammonite meurt et se dépose au fond de l'eau ❶. Le corps du mollusque se décompose et les sédiments commencent à recouvrir la coquille ❷. Avec le temps, les couches de sédiments se durcissent et retiennent captive la coquille ❸. Après des millions d'années, des mouvements géologiques ou des fouilles ramènent parfois le fossile à la surface ❹.

 ❶  ❷  ❸  ❹

DATATION RELATIVE (OU STRATIGRAPHIE)

La datation relative se fonde sur l'observation des différentes couches du sol pour établir un ordre chronologique entre plusieurs périodes. Au fil du temps, les sédiments anciens sont ensevelis sous d'autres, formant une accumulation de couches (ou strates) caractéristiques d'une époque, la plus récente étant en principe celle du dessus.

Lorsque des accidents géologiques retournent les strates ou les renversent à la verticale, on recourt au principe de l'identité paléontologique, qui suppose que deux couches contenant les mêmes fossiles sont de la même époque.

DATATION ABSOLUE (OU RADIOMÉTRIQUE)

La datation absolue permet de dater l'âge des fossiles. Elle est fondée sur le principe de désintégration de certains éléments chimiques dits radioactifs. La datation au carbone 14 (C^{14}) est la plus connue, le carbone étant un élément que l'on retrouve dans tout organisme vivant. Étant donné que les organismes contiennent du C^{14} et du C^{12} en proportion stable et qu'à leur mort le C^{14} se désintègre à un certain rythme, on détermine depuis combien de temps une plante ou un animal est mort en établissant la proportion de C^{14} restante par rapport au C^{12}.

Les scientifiques ont établi qu'il s'écoule 5 730 années avant que 50 % du C^{14} ne soit désintégré. Ce nombre d'années correspond à sa « demi-vie ». Le même temps sera nécessaire pour que la moitié de la matière restante se désintègre, ainsi de suite. De cette manière, on arrive par exemple à calculer que 22 920 ans se sont écoulés depuis la mort d'un organisme s'il reste seulement 1/16 du C^{14} par rapport au C^{12}.

Cette technique est couramment utilisée pour dater des vestiges de moins de 50 000 années. Il faut recourir à d'autres éléments (uranium, rubidium, etc.) pour des échantillons plus anciens.

DÉSINTÉGRATION DU CARBONE 14

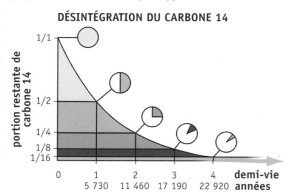

TABLEAU GÉOCHRONOLOGIQUE

À la manière des historiens, qui ont divisé l'histoire de l'humanité en différentes époques, les scientifiques ont découpé l'évolution de la Terre en périodes correspondant aux principaux changements. Ainsi, le temps écoulé depuis la création de la planète a été subdivisé en intervalles, appelés unités géochronologiques. Les plus grandes de ces unités, les éons, sont divisées en ères puis en périodes et en époques.

éon	ère	période	époque	millions d'années	événements
phanérozoïque	cénozoïque	quaternaire	holocène	0,01	- premiers humains - glaciations
			pléistocène	1,6	
		tertiaire	pliocène		- formation de l'Himalaya - premières graminées - diversification des mammifères - premiers primates
			miocène		
			oligocène		
			éocène		
			paléocène	65	
	mésozoïque	crétacé		145	- formation des Alpes et des Rocheuses - extinction massive d'espèces végétales et animales - disparition des dinosaures
		jurassique		208	- apparition des plantes à fleurs (angiospermes) - premiers oiseaux - règne des dinosaures - formation de l'océan Atlantique
		trias		245	- premiers dinosaures - premiers mammifères - dislocation de la Pangée
	paléozoïque	permien		286	- les masses continentales forment un supercontinent (la Pangée) - abondance de reptiles - assèchement du climat
		carbonifère		360	- formation des Appalaches - premières plantes à graines - élévation du niveau de la mer - premiers reptiles
		dévonien		410	- apparition des prêles et des fougères - diversification des poissons - premiers animaux terrestres (amphibiens) - premiers insectes
		silurien		440	- premières plantes terrestres - poissons à mâchoires
		ordovicien		505	- premiers vertébrés
		cambrien		570	- premiers invertébrés
précambrien	protérozoïque			2 500	- oxygène atmosphérique
	archéozoïque			4 600	- formation des continents et des océans - première croûte solide - formation de la Terre

Qu'y a-t-il sous la surface terrestre ? Peut-on pénétrer jusqu'au cœur de la Terre ? L'intérieur de notre planète est encore un milieu mystérieux où règnent des conditions extrêmes de pression et de température. Modelée par des processus qui s'étalent sur des millions d'années, la matière minérale y est élaborée et métamorphosée en une multitude de formes et de structures étonnantes.

La structure de la Terre

À l'intérieur de la Terre

La structure interne de la planète

Même s'il est impossible de savoir avec certitude à quoi ressemble la structure interne de notre planète, la géophysique et l'astronomie (par l'observation et l'analyse des autres planètes du système solaire) ont permis de recueillir de nombreux renseignements concernant l'intérieur de la Terre.

D'une masse totale d'environ 6 milliards de milliards de tonnes, la planète est constituée de trois couches concentriques, de la plus dense à la plus légère, délimitées par des zones de transition appelées discontinuités : le noyau, le manteau et la croûte. Chacune possède une composition chimique et des propriétés physiques particulières.

La **croûte terrestre** représente à peine 3 % du volume de la Terre.

discontinuité de Mohorovicic

Le **manteau** occupe 80 % du volume total de la Terre. Principalement constitué de roches volcaniques, il est en état de fusion partielle à une température d'environ 3 000 °C.

Des **courants de convection** transportent la chaleur interne de la Terre vers la surface.

discontinuité de Gutenberg

Le **noyau**, qui occupe 16 % du volume de notre planète, concentre 33 % de sa masse. Il contient les éléments les plus lourds de la Terre, comme le fer et le nickel, qui se seraient accumulés au centre de notre planète il y a 4,5 milliards d'années.

2 885 km

6 371 km

COMPOSITION DE LA TERRE

oxygène (30 %)
silicium (15 %)
fer (35 %)
magnésium (13 %)
nickel (2 %)
soufre (2 %)
autres éléments (3 %)

COMPOSITION DE LA CROÛTE

silicium (28 %)
fer (5 %)
aluminium (8 %)
oxygène (46 %)
calcium (4 %)
sodium (3 %)
potassium (3 %)
autres éléments (1 %)
magnésium (2 %)

discontinuité de Lehmann

À l'échelle du globe, la croûte terrestre est aussi mince que la coquille d'un œuf.

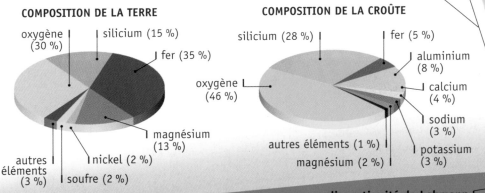

La majeure partie de la surface de la Terre consiste en une **croûte océanique** assez fine, de 10 km d'épaisseur environ.

Plus épaisse que la croûte océanique, la **croûte continentale** atteint 30 à 40 km d'épaisseur, parfois même 70 km sous les chaînes de montagnes.

Partie supérieure rigide de la Terre, la **lithosphère** se compose de la croûte terrestre et du dessus du manteau supérieur.

Dans l'**asthénosphère**, la température dépasse 1 200 °C, ce qui fait fondre partiellement les roches. C'est la plasticité de cette couche qui permet la dérive des continents.

Le **dessus du manteau supérieur** est une couche rigide accolée à la croûte terrestre.

Le **manteau supérieur** est composé de roches dures, riches en silicates de fer et de magnésium.

La **mésosphère** est la partie inférieure du manteau. Assez mal connue, cette zone est formée de matière visqueuse, agitée de lents courants de convection.

DES PROFONDEURS INSONDABLES

Nos connaissances sur la structure de la Terre s'appuient sur des observations indirectes, notamment l'étude des ondes sismiques. Sur le terrain, aucun forage n'a pénétré le sol à plus de 15 km, ce qui correspond seulement à la partie superficielle de la croûte terrestre.

Le **noyau externe**, composé de métaux en fusion, est à l'origine du champ magnétique terrestre.

Le **noyau interne** (ou graine) est constitué de métaux à l'état solide, même si la température dépasse les 6 000 °C. Le phénomène serait causé par la pression extrême.

exploitation minière (3,8 km)

exploration sous-marine (10,5 km)

exploration géologique (15 km)

Le géomagnétisme

La Terre, un aimant gigantesque

Lorsque l'aiguille d'une boussole s'aligne dans la direction nord-sud, c'est qu'elle obéit au champ magnétique naturel de la Terre. L'origine de ce phénomène, qui existe également dans d'autres corps célestes, demeure encore mystérieuse. L'hypothèse la plus communément admise estime toutefois que c'est au sein du noyau terrestre que se produisent les mécanismes qui font de la planète un gigantesque aimant. Cette explication ne résout cependant pas la question du déplacement des pôles magnétiques, ni celle de l'inversion de polarité qui affecte parfois la planète.

EFFET DYNAMO AU CŒUR DE LA TERRE

La solidification du noyau interne ❶ crée de la convection dans le noyau externe ❷, un milieu liquide principalement composé de fer, donc conducteur d'électricité. Soumis au mouvement rotationnel de la Terre, ces courants adoptent des trajectoires circulaires et leur énergie cinétique se transforme en énergie magnétique par un phénomène électromagnétique appelé effet dynamo. La Terre se comporte alors comme un aimant, avec un pôle Nord ❸ et un pôle Sud ❹ magnétiques.

LE DÉPLACEMENT DU PÔLE NORD MAGNÉTIQUE

Contrairement au pôle Nord géographique qui est fixe, le pôle Nord magnétique se déplace d'environ 10 à 15 km par année vers le nord-ouest. Ce déplacement s'expliquerait par une fluctuation de la force et de l'orientation du champ magnétique.

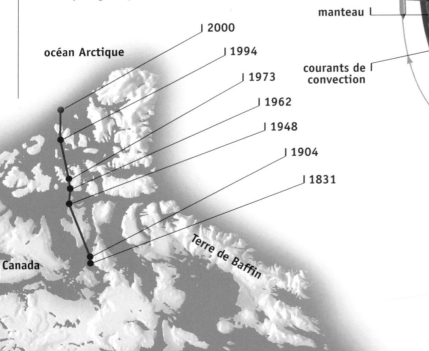

océan Arctique

2000
1994
1973
1962
1948
1904
1831

Canada

Terre de Baffin

baie d'Hudson

manteau

courants de convection

pôle Sud magnétique

pôle Sud géographique

Il existe un **angle** de 11,5° entre les pôles magnétiques et les pôles géographiques.

LE PALÉOMAGNÉTISME

Périodiquement, les pôles magnétiques s'inversent : le pôle Nord magnétique devient le pôle Sud magnétique, et vice versa. Cette inversion de polarité serait causée par les fluctuations des courants de convection dans le noyau externe.

L'exploration des fonds marins, de part et d'autre des dorsales océaniques, a permis d'analyser ce phénomène. Lorsque l'écartement des plaques océaniques fait remonter le magma à la surface, celui-ci s'y solidifie en gardant l'empreinte de la polarité qui règne alors sur la planète ❶. Le champ magnétique faiblit progressivement, perd sa polarité pour en acquérir une nouvelle, inversée, dont la trace est à son tour figée dans la lave ❷. En étudiant l'évolution du sens de polarité des fonds marins, on peut connaître et dater la succession des inversions du champ magnétique terrestre ❸.

On a ainsi découvert que le processus d'inversion ne dure pas plus de 5 000 ans. Une fois acquise, la nouvelle polarité demeure en place pendant des centaines de milliers, voire des millions d'années.

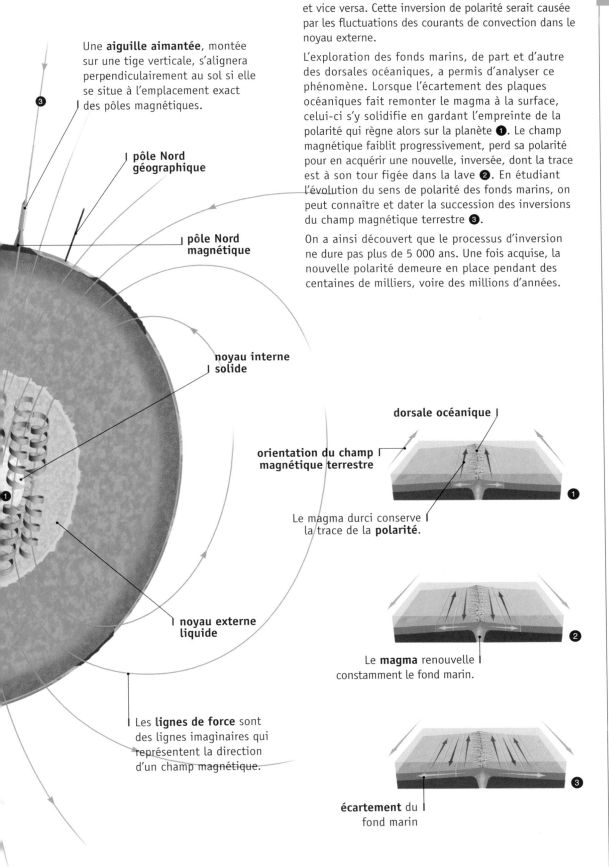

Une **aiguille aimantée**, montée sur une tige verticale, s'alignera perpendiculairement au sol si elle se situe à l'emplacement exact des pôles magnétiques.

pôle Nord géographique

pôle Nord magnétique

noyau interne solide

noyau externe liquide

Les **lignes de force** sont des lignes imaginaires qui représentent la direction d'un champ magnétique.

dorsale océanique

orientation du champ magnétique terrestre

Le magma durci conserve la trace de la **polarité**.

Le **magma** renouvelle constamment le fond marin.

écartement du fond marin

Les minéraux

La croûte terrestre est composée de roches et de minéraux. On recense environ 3 500 minéraux qui diffèrent grandement les uns des autres. Il est possible de les classer selon des caractéristiques bien précises : leur couleur, la trace qu'ils laissent, leur transparence, leur dureté, leur structure cristalline et leur faciès sont parmi les nombreux indices qui servent à les regrouper par familles. Plusieurs minéraux sont peu abondants et même très rares. Quelques-uns sont considérés comme des pierres précieuses. C'est le cas du diamant. D'autres, comme l'agate, n'ont pas la valeur des pierres précieuses, mais leur forme ou leur couleur particulière en font des gemmes, des minéraux utilisés en joaillerie.

ROCHE OU MINÉRAL ?

On confond souvent roches et minéraux. En fait, les roches sont des agrégats de plusieurs minéraux. Le granite, par exemple, est constitué de quartz, de feldspath et de mica.

Les minéraux sont des corps solides inorganiques produits par la nature, qui possèdent une composition chimique et une structure atomique définies.

quartz

feldspath

granite

mica

LIAISON CHIMIQUE ET AGGLOMÉRATION

La combinaison d'éléments chimiques ❶ constitue le point de départ de la formation des minéraux. Ils composent une structure moléculaire de base appelée maille élémentaire ❷ qui, en s'agglomérant à d'autres mailles, forme un solide à la structure bien définie, un cristal ❸. Subissant la pression du sous-sol, les divers cristaux s'associent entre eux ❹ pour produire des roches ❺ qu'on retrouve dans le sous-sol ❻.

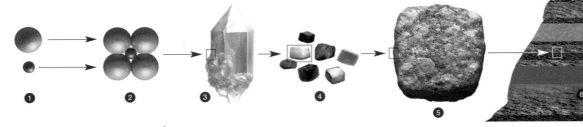

❶   ❷   ❸   ❹   ❺   ❻

LA COMPOSITION DES MINÉRAUX

Il existe une classification des minéraux, associée à leur composition chimique, qui comporte neuf familles. Certaines d'entre elles sont mieux connues que d'autres. C'est le cas des éléments natifs, qui ont pour caractéristique principale d'être formés d'un seul élément chimique. Les métaux, comme l'or et l'argent, font partie de cette famille. Le diamant et le graphite sont aussi des éléments natifs : ils sont composés tous deux d'atomes de carbone, même si leur couleur, leur transparence et leur dureté diffèrent.

or   argent    diamant    graphite

LA COULEUR

La couleur des minéraux peut permettre de les identifier. Certains d'entre eux, comme la malachite, ont en effet toujours la même couleur. D'autres en revanche, comme la fluorite ou le quartz, présentent des teintes variables selon la nature des impuretés présentes au moment de leur formation. Ces minéraux sont dits allochromatiques.

malachite

fluorites pourpre, jaune et verte

quartz rose et blanc

LE TRAIT

On appelle trait la bande de poudre que laisse un minéral sur une surface de porcelaine non polie. Il faut noter que des minéraux de même structure cristalline présentent toujours une trace de même couleur.

La trace de la **crocoïte** est jaune orangé.

Même si la **chalcopyrite** est dorée, sa trace sera toujours d'un noir verdâtre.

Le **cinabre**, ou cinnabarite, laisse une trace rouge.

L'**orpiment** laisse une trace jaune doré.

LA TRANSPARENCE

La quantité de lumière que laisse passer un minéral témoigne de sa transparence, de sa translucidité ou de son opacité.

Si on distingue un objet à travers un minéral, on le dit **transparent**. C'est le cas du quartz.

Si seule la lumière le traverse, le minéral est **translucide**. L'agate possède cette caractéristique.

Un minéral ne laissant aucune lumière le traverser sera **opaque**. Le cuivre en est un bon exemple.

L'ÉCHELLE DE MOHS

L'échelle de Mohs, qui compare la dureté des minéraux, comporte dix indices, du plus tendre (indice 1) au plus dur (indice 10). Chaque minéral y est classé selon sa façon de rayer les autres ou d'être rayé par eux. Par exemple, le talc, qui peut être rayé par un ongle, possède une dureté de 1, mais la calcite, qu'une pièce de monnaie raye, en possède une de 3. Le quartz, rayé par le verre, a un indice de dureté de 7. Le diamant, le plus dur de tous les minéraux, ne peut être rayé et par conséquent possède l'indice le plus élevé.

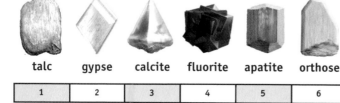

talc	gypse	calcite	fluorite	apatite	orthose	quartz	topaze	corindon	diamant
1	2	3	4	5	6	7	8	9	10

La forme des minéraux

Structures et faciès

Même si elle n'est pas observable à l'œil nu, la caractéristique première des minéraux réside dans leur structure atomique particulière. Lorsque les minéraux se développent sans contrainte dans les profondeurs de la Terre, les cristaux qui les composent présentent des faces et des angles spécifiques à chaque famille, quelles que soient leur forme et leur grosseur. La cristallographie étudie les diverses structures que prennent les cristaux.

LES SYSTÈMES CRISTALLINS

Il existe sept systèmes cristallins qui déterminent les espèces minérales. Ces systèmes sont établis d'après la façon dont les atomes qui composent les cristaux se lient entre eux. Ils rendent donc compte de la structure interne des minéraux et non de leur apparence externe.

CUBIQUE

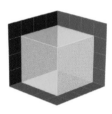

La **pyrite** ressemble beaucoup à de l'or, mais elle est beaucoup plus dure.

On utilise depuis longtemps le **lapis-lazuli** dans la fabrication de bijoux.

Le **grenat** peut être rouge, orangé, vert et même incolore.

QUADRATIQUE

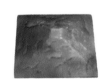

Lorsqu'il est poli et taillé, le **zircon** peut avoir l'aspect du diamant, sans toutefois être aussi dur.

Aussi appelée idocrase, la **vésuvianite** a été découverte au pied du Vésuve.

La **cassitérite** est le minerai dont on extrait l'étain.

ORTHORHOMBIQUE

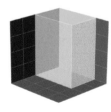

Bien qu'elle ne soit pas une pierre précieuse, la **topaze** est une gemme très recherchée.

La **barytine** sert à la fabrication du baryum, utilisé pour les analyses radiographiques.

L'**olivine** se retrouve souvent dans les laves solidifiées.

MONOCLINIQUE

La **jadéite** n'est pas uniquement verte. Elle est parfois blanche, orange, or ou violette.

La poudre d'**azurite** a longtemps servi de pigment bleu en peinture.

C'est de la **titanite**, ou sphène, qu'on extrait le titane.

TRICLINIQUE

La couleur caractéristique de la **turquoise** est due au cuivre et au fer qu'elle contient. Plus il y a de fer, plus elle est verte.

L'**amazonite** a servi de gemme à cause de sa couleur vert-bleu.

La **rhodonite** tire son nom du mot grec *rhodon* qui signifie « rose ».

RHOMBOÉDRIQUE

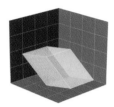

C'est à cause de ses pigments rouges que l'**hématite** a longtemps servi à la fabrication de produits de beauté.

Une même pierre de **tourmaline** peut présenter plusieurs couleurs.

Ce sont les impuretés contenues dans le quartz qui donnent sa couleur à l'**améthyste**.

HEXAGONAL

L'**émeraude**, sorte de béryl, est l'une des quatre pierres précieuses reconnues.

Le **rubis** est un corindon, tout comme le saphir. Sa couleur rouge le différencie du saphir, qui est bleu.

L'**aigue-marine** est une variété transparente de béryl qu'on chauffe pour intensifier sa teinte bleue.

LE FACIÈS

Si le système cristallin renvoie à la structure interne d'un minéral fait référence à sa forme extérieure globale, à son aspect général. Il est le résultat du développement inégal des faces d'un cristal qui subit diverses pressions lors de sa formation dans le sous-sol.

MASSIF

or

Ces minéraux présentent une forme pleine.

RÉNIFORME

hématite

Ce sont des cristaux qui ont la forme de reins.

LAMELLÉ

graphite

De fines dépressions parallèles caractérisent ces cristaux.

ACICULAIRE

scolécite

Ces cristaux possèdent de nombreuses aiguilles touffues.

PRISMATIQUE

béryl

Plusieurs faces parallèles alignées créent la forme de ces cristaux.

DENDRITIQUE

argent

Il s'agit de cristaux de forme arborescente.

Le cycle des roches

La matière terrestre en constante évolution

Immuable et solide comme le roc, dit-on souvent. Pourtant, contrairement à ce que l'on peut croire, les roches sont en évolution permanente. Elles se forment, se déforment et se transforment continuellement, s'enfonçant de la surface de la Terre vers ses profondeurs, puis émergeant à nouveau.

Recyclées par la nature et soumises à des processus chimiques et physiques qui s'étendent sur des millions d'années, les roches évoluent selon trois modes : la sédimentation, la métamorphose ou le magmatisme.

LA SÉDIMENTATION

Désagrégées par l'érosion ❶, les roches s'effritent en petites particules qui sont transportées par les cours d'eau et les courants marins ❷. Elles se déposent au fond des océans ❸ et forment peu à peu des roches sédimentaires ❹ qui s'enfoncent lentement dans l'écorce terrestre ❺. Les mouvements tectoniques les entraînent plus profondément ❻ ou les ramènent à la surface ❼.

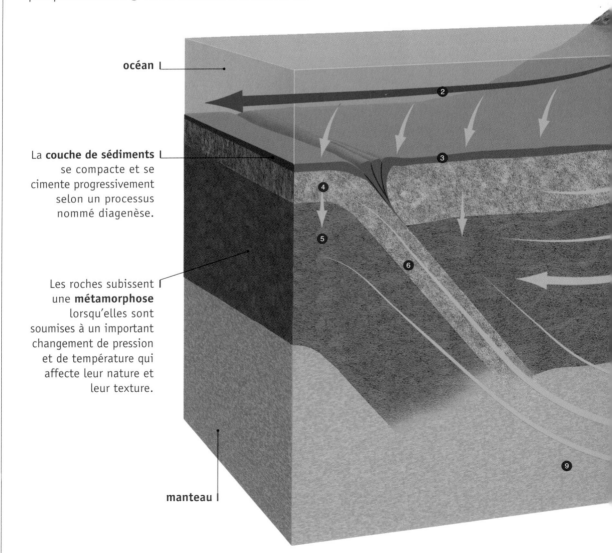

océan

La **couche de sédiments** se compacte et se cimente progressivement selon un processus nommé diagenèse.

Les roches subissent une **métamorphose** lorsqu'elles sont soumises à un important changement de pression et de température qui affecte leur nature et leur texture.

manteau

LE MÉTAMORPHISME ET LE MAGMATISME

Soumises à de fortes pressions et à de hautes températures, les roches subissent d'importantes métamorphoses. Certaines de ces roches métamorphiques remontent à la surface ❽, alors que d'autres s'enfoncent plus profondément dans le manteau ❾, où elles fondent et se transforment en magma ❿. Lorsque le magma remonte dans l'écorce terrestre ⓫, il se solidifie parfois avant d'atteindre la surface, formant ainsi des roches magmatiques (ou ignées) plutoniques. Celles-ci peuvent alors subir de nouvelles métamorphoses ⓬. Au contraire, les roches magmatiques volcaniques demeurent à l'état liquide (lave) jusqu'à leur expulsion ⓭ et ne se solidifient qu'à l'air libre.

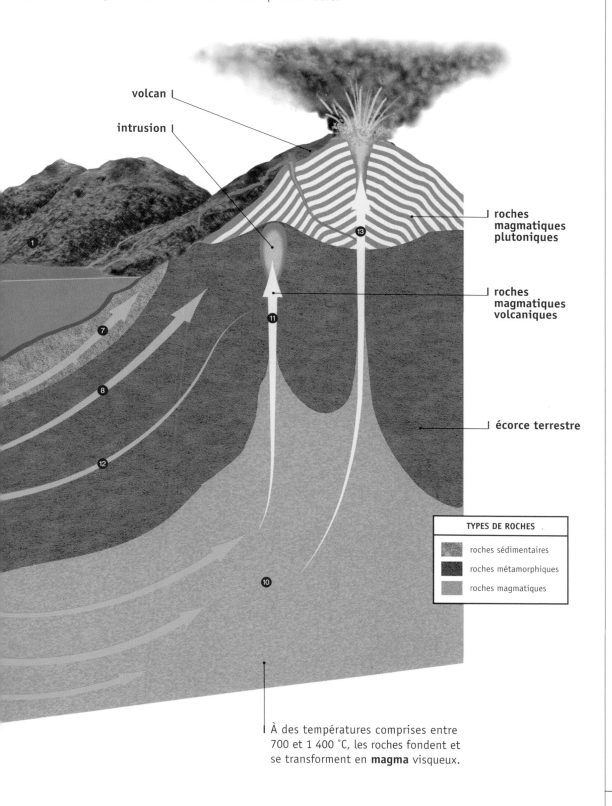

volcan

intrusion

roches magmatiques plutoniques

roches magmatiques volcaniques

écorce terrestre

TYPES DE ROCHES

roches sédimentaires

roches métamorphiques

roches magmatiques

À des températures comprises entre 700 et 1 400 °C, les roches fondent et se transforment en **magma** visqueux.

Les types de roches

Une extraordinaire diversité

La structure de la Terre

Les roches sont définies comme des assemblages de minéraux : ce sont des solides qui se composent d'une immense variété de combinaisons d'éléments chimiques aujourd'hui bien connus. Quelque 3 500 espèces minérales ont été répertoriées et on en identifie régulièrement de nouvelles. Ce vaste ensemble se répartit en trois catégories : les roches sédimentaires, métamorphiques et magmatiques.

LES ROCHES SÉDIMENTAIRES

Les roches sédimentaires se forment à la surface de la Terre ou dans ses eaux. Loin d'être uniquement composées d'éléments minéraux, elles contiennent aussi des débris animaux et végétaux qui se sont liés aux particules minérales. On distingue trois types de roches sédimentaires : les roches biogènes, qui proviennent de débris organiques ; les roches détritiques, qui sont formées de débris divers, et les roches d'origine chimique.

Le **sel gemme** est une roche d'origine chimique qui fait partie des évaporites : il se forme par précipitation lorsque l'eau de la mer s'évapore et crée un dépôt de sel.

Formé par l'agglomération de grains de sable, le **grès** est une roche détritique que l'on utilise souvent comme matériau de construction.

Constituée principalement de calcite, la **craie** est une roche à grain très fin, dont la texture est friable et poreuse. C'est une roche biogène formée de micro-fossiles marins.

La **houille** est une roche biogène composée de débris de végétaux qui se forme en eau peu profonde, notamment dans les marécages. Mieux connue sous le nom de charbon, elle est utilisée comme combustible.

Roche biogène, le **calcaire** contient des débris de coquillages. Le calcaire fossilifère est un calcaire qui renferme des fossiles.

LES ROCHES MÉTAMORPHIQUES

Les roches métamorphiques sont des roches qui ont été exposées à une pression et à une température si intenses que leur structure a été modifiée. Dans de telles conditions, elles ne fondent pas mais elles se sont cristallisées et présentent en outre une texture feuilletée ou rubanée.

Le **quartzite** est issu de la métamorphose des grès siliceux. Il est composé de quartz en agrégats.

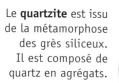

Le **gneiss granitique** est une roche feuilletée qui provient de la déformation du granite. Il se compose de minces couches claires et foncées.

Sous la chaleur ou la pression, le calcaire se transforme en **marbre**. Roche veinée de couleurs variées, elle est prisée des architectes et des sculpteurs depuis des siècles. Le marbre de Carrare, en Italie, figure parmi les plus réputés.

La pression et la chaleur transforment le schiste argileux en **ardoise**. Noire, verte ou grise, l'ardoise se délite facilement; on l'utilise depuis longtemps pour faire des toitures ou des tableaux.

manteau

LES ROCHES MAGMATIQUES

Les roches magmatiques (ou roches ignées) proviennent généralement du manteau supérieur de la Terre, là où le magma fond partiellement. Selon leur vitesse de refroidissement, le grain de ces roches sera plus ou moins fin. Les roches plutoniques (ou intrusives), qui se solidifient lentement, ont un gros grain, tandis que les roches volcaniques (ou effusives), qui se solidifient rapidement en atteignant la surface, ont un grain fin.

Le **basalte** est la plus commune des roches volcaniques. Résultat de la solidification de la lave, il est de couleur sombre, généralement noir ou vert très foncé. Plusieurs îles volcaniques, dont celles d'Hawaii, sont principalement constituées de basalte.

Essentiellement composé de quartz, de feldspath et de mica, le **granite** est la plus connue des roches plutoniques. Les granites roses ou polis sont très souvent utilisés dans la construction de monuments et d'édifices.

Alors qu'il nous paraît immobile, le sol sur lequel nous vivons se déplace de plusieurs centimètres chaque année. En dérivant à la surface du globe, les immenses plaques qui composent la croûte terrestre se heurtent les unes aux autres, dressent des montagnes et ouvrent des océans. Lents et continus, ces mouvements sont pourtant à l'origine des phénomènes les plus brutaux et les plus dévastateurs de la planète : les éruptions volcaniques et les séismes.

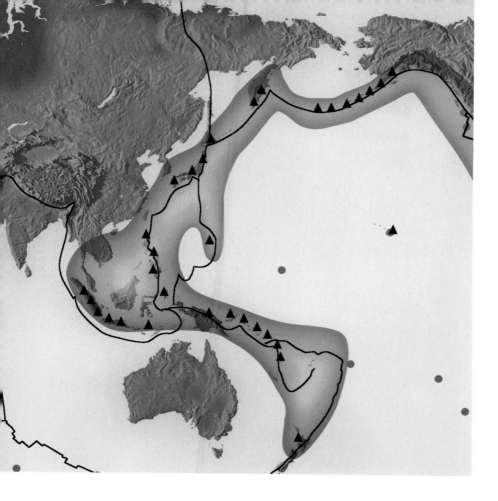

La tectonique et le volcanisme

La tectonique des plaques

Une surface en mouvement

Le sol sur lequel nous nous trouvons est beaucoup moins fixe qu'il n'y paraît : chaque année, l'Europe et l'Amérique du Nord s'éloignent l'une de l'autre de 2,5 cm, alors que l'Inde et l'Asie se rapprochent de 4 à 6 cm ; ailleurs, certaines parties du globe se déplacent de 18 cm. Ce phénomène, qu'on appelle la tectonique des plaques, résulte du fait que la lithosphère (couche externe de la Terre) est fragmentée en une douzaine de plaques (d'immenses surfaces solides, épaisses d'environ 100 km) qui glissent sur l'asthénosphère, partie du manteau supérieur de la Terre.

PLAQUES CONVERGENTES, DIVERGENTES OU TRANSFORMANTES

La tectonique des plaques explique la plupart des reliefs de la surface terrestre, qu'il s'agisse des océans qui sont créés lorsque deux plaques s'écartent l'une de l'autre ou des chaînes de montagnes qui naissent lorsqu'une plaque en percute une autre. La façon dont les plaques se rencontrent est déterminante. Les plaques dites convergentes entrent en collision ou glissent l'une sous l'autre (on parle alors de subduction) ; les plaques divergentes s'écartent l'une de l'autre et provoquent une remontée de magma qui génère une nouvelle croûte ; les plaques transformantes glissent l'une par rapport à l'autre.

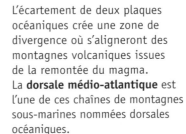

Les plaques transformantes coulissent l'une contre l'autre, sans converger ni diverger. Leur frottement provoque souvent des séismes. Il en est ainsi de la **faille de San Andreas**, qui se trouve au large de la Californie, à la rencontre de la plaque pacifique et de la plaque nord-américaine.

Lorsqu'une plaque océanique percute une plaque continentale, elle est engloutie du fait de sa plus grande densité. Des chaînes de montagnes volcaniques naissent en bordure du continent. La **cordillère des Andes** s'est formée ainsi.

L'écartement de deux plaques océaniques crée une zone de divergence où s'aligneront des montagnes volcaniques issues de la remontée du magma. La **dorsale médio-atlantique** est l'une de ces chaînes de montagnes sous-marines nommées dorsales océaniques.

LES COURANTS DE CONVECTION

En remontant, la chaleur interne de la Terre engendre des mouvements ou des courants de convection ❶ qui sont le moteur de la tectonique des plaques. Ces courants constituent une sorte d'immense tapis roulant où d'anciennes croûtes cèdent la place à des nouvelles.

La lave qui jaillit des dorsales ❷ refroidit et forme une nouvelle croûte océanique ❸. La Terre gardant toujours la même dimension, il existe des zones de subduction ❹ où d'anciennes croûtes sont refoulées et consumées par le manteau ❺.

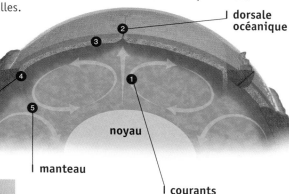

dorsale océanique

zone de subduction

noyau

manteau

courants de convection

plaques convergentes
plaques convergentes
plaques divergentes
subduction

UNE PLANÈTE MORCELÉE

On dénombre une douzaine de plaques tectoniques principales, de superficies très variables. Certaines plaques portent des océans et des continents ; d'autres, seulement l'un ou l'autre (il s'agit alors de plaques océaniques ou continentales).

1. plaque pacifique
2. plaque de Juan de Fuca
3. plaque nord-américaine
4. plaque des îles Cocos
5. plaque des Caraïbes
6. plaque de Nazca
7. plaque sud-américaine

8. plaque Scotia
9. plaque eurasiatique
10. plaque africaine
11. plaque antarctique
12. plaque indo-australienne
13. plaque philippine

Tout comme les plaques océaniques, les plaques continentales peuvent s'éloigner l'une de l'autre. C'est le cas du **Grand Rift africain**, un large fossé d'effondrement dont les parties basses seront graduellement envahies par la mer.

Lorsque deux plaques continentales convergent, il arrive qu'elles se soudent. Sous l'effet de la compression, la croûte de plus en plus épaisse se plisse. Le haut plateau du Tibet, où se trouve l'**Himalaya**, témoigne d'un tel choc.

Lorsque deux plaques océaniques convergent, la plaque la plus dense glisse sous l'autre. La remontée du magma engendre alors des structures d'arcs insulaires, comme l'**archipel des Philippines.**

Le destin de la Pangée
La fragmentation d'un supercontinent

Au début du XXᵉ siècle, Alfred Wegener, géophysicien et climatologue allemand, remarque que les continents semblent pouvoir s'emboîter les uns dans les autres. Il constate par exemple que les contours de l'Afrique occidentale s'imbriquent presque parfaitement dans ceux de l'Amérique du Sud, sans compter que des formations géologiques semblables se font face de part et d'autre de ces continents.

L'hypothèse d'un seul grand continent, qui aurait existé il y a des millions d'années, voit le jour, mais il faudra attendre les années 1960 pour que les intuitions de Wegener soient confirmées et acceptées. Aujourd'hui, on s'accorde pour dire qu'un supercontinent, nommé la Pangée (signifiant « toutes les terres »), aurait baigné dans un océan unique, la Panthalassa (« toutes les mers »). Il se serait fragmenté progressivement, créant de nouveaux continents et de nouveaux océans qui dérivent toujours.

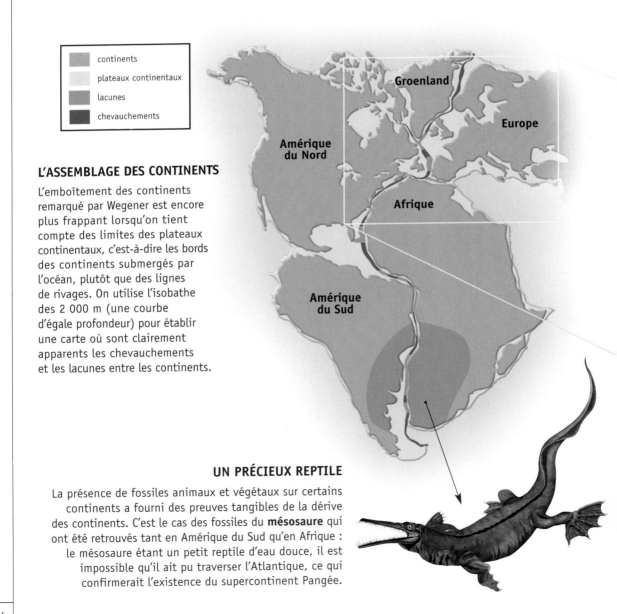

- continents
- plateaux continentaux
- lacunes
- chevauchements

L'ASSEMBLAGE DES CONTINENTS

L'emboîtement des continents remarqué par Wegener est encore plus frappant lorsqu'on tient compte des limites des plateaux continentaux, c'est-à-dire les bords des continents submergés par l'océan, plutôt que des lignes de rivages. On utilise l'isobathe des 2 000 m (une courbe d'égale profondeur) pour établir une carte où sont clairement apparents les chevauchements et les lacunes entre les continents.

UN PRÉCIEUX REPTILE

La présence de fossiles animaux et végétaux sur certains continents a fourni des preuves tangibles de la dérive des continents. C'est le cas des fossiles du **mésosaure** qui ont été retrouvés tant en Amérique du Sud qu'en Afrique : le mésosaure étant un petit reptile d'eau douce, il est impossible qu'il ait pu traverser l'Atlantique, ce qui confirmerait l'existence du supercontinent Pangée.

DES GLACES EN ZONE TROPICALE ?

Parmi les autres faits venant appuyer la théorie de la dérive continentale, on retient la présence de dépôts glaciaires dans les régions australes de certains continents. C'est ainsi que l'on trouve des traces de glaciations en Amérique du Sud, en Australie, et même en Afrique et en Inde, des zones pourtant tropicales. Tout indique que ces dépôts glaciaires, qui portent la marque d'un écoulement des glaces vers l'intérieur des continents, sont dus à la calotte glaciaire antarctique.

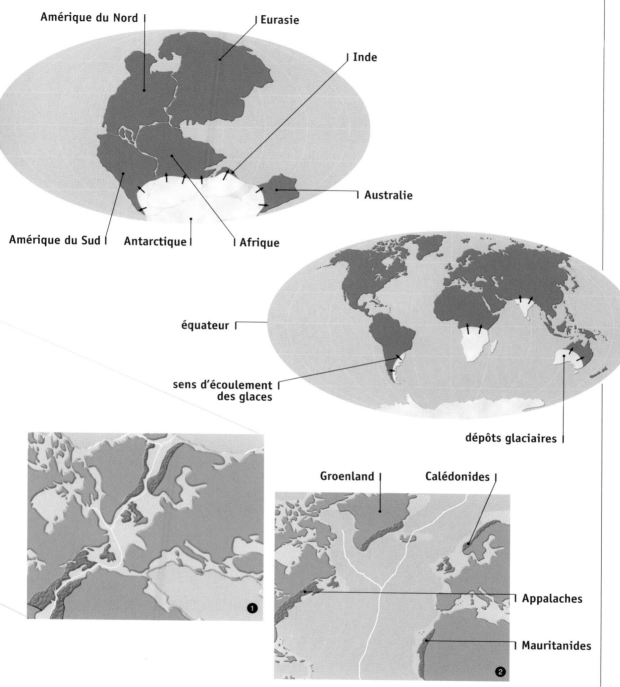

LA CONCORDANCE DES MONTAGNES

Un des arguments décisifs en faveur de la dérive des continents est la concordance étonnante qui existe entre les structures géologiques de plusieurs régions du globe. Le rapprochement de l'Amérique du Nord, de l'Europe et de l'Afrique fait apparaître un important système montagneux ❶. Or, les trois chaînes de montagnes que l'on trouve aujourd'hui de part et d'autre de l'Atlantique, à savoir les Appalaches, les Calédonides et les Mauritanides, ont le même âge (environ 300 millions d'années) et possèdent des structures géologiques identiques ❷.

La dérive des continents

La Terre, d'hier à demain

À partir des années 1960, les idées de Wegener concernant la dérive des continents sont appuyées par de nouvelles découvertes. L'expansion des fonds océaniques et la tectonique des plaques expliquent le mouvement de la surface terrestre et le mécanisme de la dérive des continents. Sous l'effet des courants de convection qui circulent à l'intérieur de la Terre, les plaques portant les continents glissent sur l'asthénosphère, la partie visqueuse de la planète. Selon les courants, elles se rapprochent ou s'écartent les unes des autres à une vitesse variant de 1 à 18 cm par année. Ainsi, le déplacement des continents, commencé il y a des centaines de millions d'années, se poursuit toujours.

LA TERRE IL Y A 250 MILLIONS D'ANNÉES

Des masses de terre sont rassemblées et forment un supercontinent, que l'on nomme la Pangée, entouré à l'ouest par la Panthalassa et à l'est par la mer Téthys.

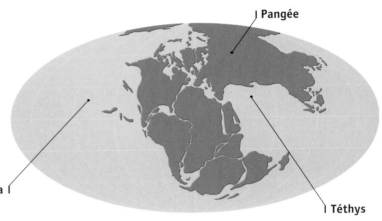

Pangée

Panthalassa

Téthys

Laurasia

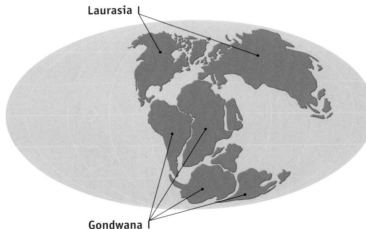

Gondwana

LA TERRE IL Y A 150 MILLIONS D'ANNÉES

Deux de ces masses se séparent. Il s'agit du continent Laurasia au nord (comprenant l'Amérique du Nord et le continent eurasiatique) et du continent Gondwana au sud (formé de l'Amérique du Sud, de l'Afrique, de l'Inde et de l'Australie). L'océan Indien s'ouvre peu à peu. La Pangée n'existe plus.

LA TERRE IL Y A 100 MILLIONS D'ANNÉES

L'Australie et l'Antarctique se dissocient. Une faille scinde le Gondwana et l'Amérique du Sud rompt avec l'Afrique. À mesure que les blocs continentaux s'écartent, les eaux de la mer Téthys s'infiltrent dans la faille. L'océan Atlantique prend forme.

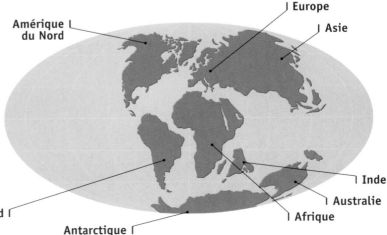

Amérique du Nord

Europe

Asie

Inde

Australie

Afrique

Amérique du Sud

Antarctique

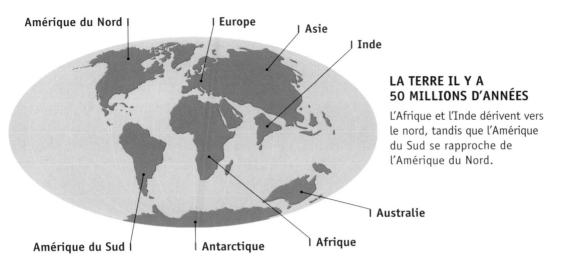

Amérique du Nord | **Europe** | **Asie** | **Inde**

LA TERRE IL Y A 50 MILLIONS D'ANNÉES

L'Afrique et l'Inde dérivent vers le nord, tandis que l'Amérique du Sud se rapproche de l'Amérique du Nord.

Australie

Amérique du Sud | **Antarctique** | **Afrique**

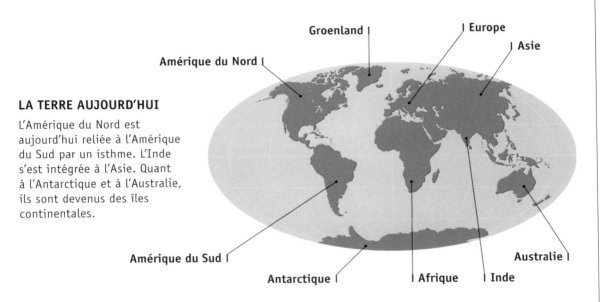

Groenland | **Europe** | **Asie**

Amérique du Nord

LA TERRE AUJOURD'HUI

L'Amérique du Nord est aujourd'hui reliée à l'Amérique du Sud par un isthme. L'Inde s'est intégrée à l'Asie. Quant à l'Antarctique et à l'Australie, ils sont devenus des îles continentales.

Amérique du Sud | **Australie**

Antarctique | **Afrique** | **Inde**

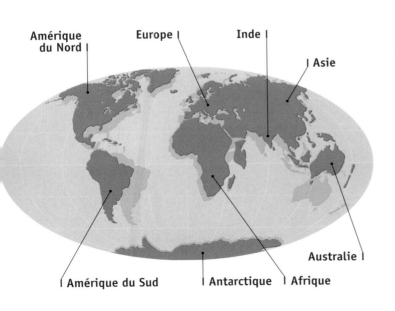

Amérique du Nord | **Europe** | **Inde** | **Asie**

LA TERRE DANS 50 MILLIONS D'ANNÉES

La remontée de l'Afrique vers l'Europe aura pour conséquence de resserrer la Méditerranée, de compresser la Corse, la Sardaigne et la Sicile, et de faire naître de nouvelles montagnes. La corne orientale de l'Afrique se séparera du continent, ce qui fera apparaître une nouvelle mer. L'Australie remontera vers l'Asie tandis que l'Inde continuera d'avancer dans le continent asiatique, poursuivant le modelage de l'Himalaya.

Australie

Amérique du Sud | **Antarctique** | **Afrique**

Les volcans

Des montagnes étonnantes

Les éruptions volcaniques figurent parmi les phénomènes naturels les plus spectaculaires que l'on puisse observer ; elles témoignent de l'activité de la Terre et démontrent que les volcans ne sont pas des montagnes comme les autres.

Depuis la formation de notre planète, l'activité volcanique aurait contribué au développement des océans et de la vie sur Terre par l'émission de gaz, de vapeur d'eau et de matière venus des profondeurs. Pourtant, c'est à leur puissance de destruction et aux catastrophes qu'ils engendrent qu'on associe le plus souvent les volcans.

LE PHÉNOMÈNE DES VOLCANS

En remontant vers la surface, le magma ❶ (roche en fusion) chaud et léger, issu du manteau terrestre, est préalablement stocké dans la chambre magmatique ❷. Avec le temps, l'accumulation de matière élève le magma dans la cheminée ❸ et l'amène en surface, où il s'échappe du cratère ❹. Une coulée de lave ❺ liquide s'épanche sur les flancs de l'édifice volcanique. La colonne éruptive ❻ est constituée d'éléments de taille variable qui sont éjectés hors du cratère. Le magma qui n'atteint pas la surface pénètre parfois dans une couche de roche de nature différente et se solidifie ❼ sous forme de dykes, de laccolites ou de sils ; ce phénomène se nomme intrusion.

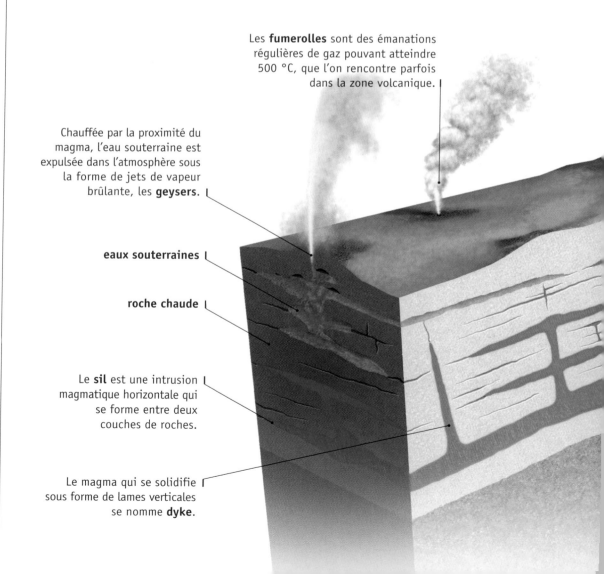

Les **fumerolles** sont des émanations régulières de gaz pouvant atteindre 500 °C, que l'on rencontre parfois dans la zone volcanique.

Chauffée par la proximité du magma, l'eau souterraine est expulsée dans l'atmosphère sous la forme de jets de vapeur brûlante, les **geysers**.

eaux souterraines

roche chaude

Le **sil** est une intrusion magmatique horizontale qui se forme entre deux couches de roches.

Le magma qui se solidifie sous forme de lames verticales se nomme **dyke**.

DIFFÉRENTS TYPES D'ÉRUPTIONS

En juin 1991, le mont **Pinatubo**, aux Philippines, entre en éruption après plus de six siècles d'inactivité. Cette éruption, de type explosif, fut l'une des plus violentes du xxe siècle. Sous la pression, le dôme du volcan a été pulvérisé et les débris ont été violemment expulsés.

Le volcan **Kilauea**, situé sur l'île d'Hawaii, compte parmi les volcans actifs les plus réputés. Depuis 1983, ce volcan de type effusif déverse de longues coulées de lave bouillonnante.

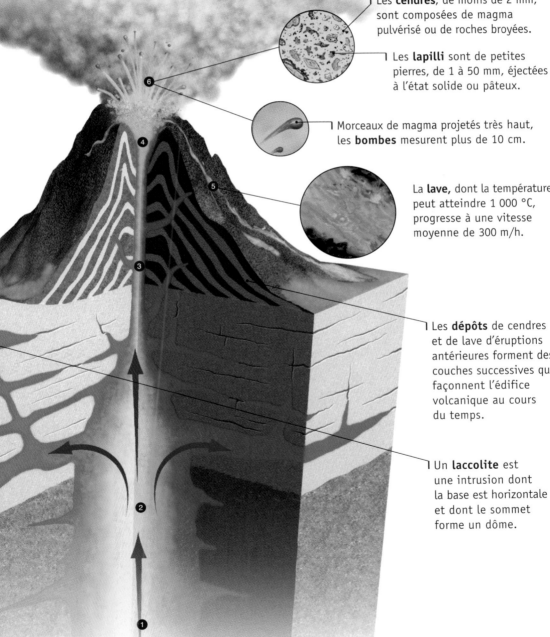

Les **cendres**, de moins de 2 mm, sont composées de magma pulvérisé ou de roches broyées.

Les **lapilli** sont de petites pierres, de 1 à 50 mm, éjectées à l'état solide ou pâteux.

Morceaux de magma projetés très haut, les **bombes** mesurent plus de 10 cm.

La **lave,** dont la température peut atteindre 1 000 °C, progresse à une vitesse moyenne de 300 m/h.

Les **dépôts** de cendres et de lave d'éruptions antérieures forment des couches successives qui façonnent l'édifice volcanique au cours du temps.

Un **laccolite** est une intrusion dont la base est horizontale et dont le sommet forme un dôme.

Le volcanisme
Une menace qui gronde aux quatre coins du monde

Un peu partout dans le monde, et dans certaines régions plus spécifiquement, des volcans sont susceptibles de se réveiller, parfois après des milliers d'années de sommeil, et de provoquer de violentes éruptions. Si certaines d'entre elles sont brèves, d'autres peuvent être particulièrement longues et dangereuses. Dans certains cas, elles durent même près de 10 ans ! Les nuages de cendres échappées dans l'atmosphère peuvent mettre des mois, voire une année, à se dissiper.

Europe

Asie

Vésuve

Etna

Afrique

LA CEINTURE DE FEU DU PACIFIQUE

Le plus souvent, les volcans émergent le long des plaques tectoniques et forment une guirlande. L'une des plus connues est la ceinture de feu du Pacifique, qui regroupe une grande partie des volcans du globe. Disposée en un arc insulaire qui encercle l'océan Pacifique, la ceinture de feu comprend notamment les archipels volcaniques des Aléoutiennes, du Japon et des Philippines.

LES TYPES DE VOLCANISME

Il existe trois types de volcanisme, chacun d'eux pouvant apparaître sur les continents ou dans les océans. Les deux premiers types sont directement liés au phénomène des plaques tectoniques : il s'agit du volcanisme de subduction (convergence des plaques) et du volcanisme de failles (divergence). Le troisième type ne se produit pas à la frontière de deux plaques mais plutôt au sein d'une seule plaque : c'est un volcanisme intraplaque connu sous le nom de points chauds.

L'écartement des plaques continentales provoque un **volcanisme de faille**. Un volcan comme le Kilimandjaro est né le long d'une de ces failles située sur le continent africain.

Le **volcanisme de subduction océanique** se produit lorsqu'une plaque se glisse sous une autre. L'infiltration d'eau dans les profondeurs de la Terre provoque alors une baisse de la température de fusion qui favorise la montée du magma, causant des éruptions particulièrement explosives. Le volcan Krakatoa est de ce type.

DISTRIBUTION GÉOGRAPHIQUE

Un volcan est dit actif si une éruption s'y est produite il y a moins de 100 ans. On estime à 1 500 le nombre de volcans actifs sur les continents, qui produisent chaque année une cinquantaine d'éruptions, sans compter tous ceux qui sont situés au fond des océans. La répartition géographique des volcans n'est pas aléatoire mais correspond à des zones de fracture de l'écorce terrestre ou à des points chauds.

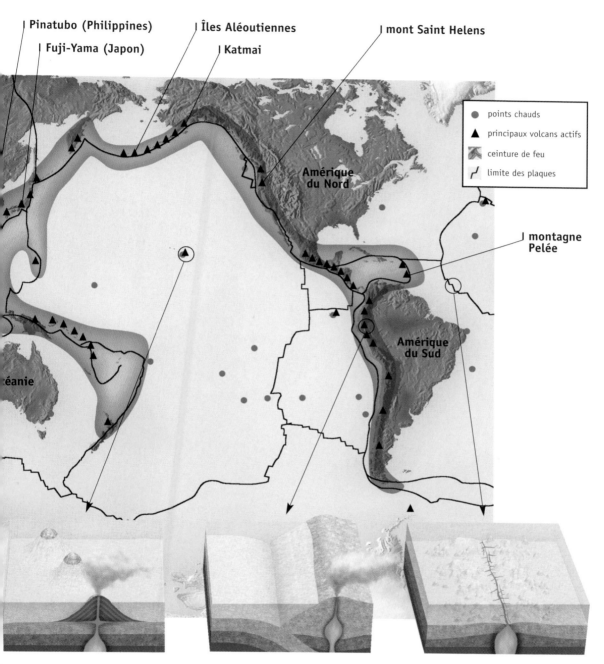

| Pinatubo (Philippines) | Îles Aléoutiennes | mont Saint Helens |
| Fuji-Yama (Japon) | Katmai | |

- points chauds
- ▲ principaux volcans actifs
- ceinture de feu
- limite des plaques

Amérique du Nord

montagne Pelée

Amérique du Sud

Océanie

Indépendant des interactions entre les plaques, le phénomène des **points chauds** survient au milieu des plaques océaniques ou continentales. Des poches de magma provenant du manteau inférieur de la Terre montent vers la surface et produisent des massifs volcaniques comme ceux d'Hawaii.

Le **volcanisme de subduction continentale** se produit le long des continents, à la rencontre d'une plaque océanique et d'une plaque continentale. La remontée du magma fait naître des volcans comme le Cotopaxi le long de la cordillère des Andes.

Le **volcanisme de faille** intervient le long des dorsales océaniques, qui s'étendent sur près de 60 000 km. Dans ces zones fragiles, l'écartement des plaques permet au magma de s'infiltrer et de créer de longues chaînes de montagnes volcaniques, comme celle qui va de l'Islande jusqu'au sud de l'océan Atlantique.

Les éruptions volcaniques

Quand les sommets des montagnes volent en éclats

L'éruption d'un volcan pourrait être comparée à l'ouverture d'une bouteille de champagne : ce sont les gaz, dissous dans le magma, qui déclenchent tout. Au cours de la remontée du magma, ils se libèrent et poussent vers le haut, augmentant la pression. Lorsque le bouchon saute, le liquide est violemment expulsé.

En perforant la surface de la Terre, l'éruption volcanique forme un cratère d'où sont expulsées différentes matières. Tous les volcans n'ont pas le même type d'éruption. La consistance du magma qu'ils renferment détermine en partie la façon dont les gaz s'échapperont et par conséquent la violence du phénomène.

VOLCANS EFFUSIFS

Dans les éruptions effusives, le magma est fluide et les gaz qu'il contient s'échappent aisément. La lave se répand en coulée ou en rivière, de 50 à 100 m/h, le long du volcan, sur des distances pouvant atteindre une centaine de kilomètres.

L'écoulement abondant de lave et la projection de lave incandescente correspondent aux éruptions hawaiiennes ; on assiste parfois également à la projection de roches de diverses tailles et à l'écoulement de lave. Généralement, les volcans effusifs sont ronds, larges et plats.

nuée ardente |

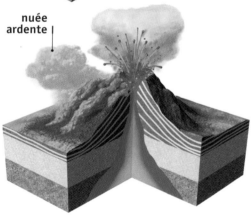

VOLCANS EXPLOSIFS

Les éruptions explosives sont les plus redoutables. Le magma, épais et visqueux, retient les gaz. La pression s'accroît, ce qui provoque de très fortes explosions projetant de toutes parts les roches, la lave et les gaz.

L'éruption produit une colonne éruptive pouvant atteindre des dizaines de kilomètres de hauteur ; les débris sont violemment expulsés et les cendres peuvent se déposer sur des centaines de kilomètres à la ronde. Les volcans provenant d'éruptions explosives présentent souvent des pentes escarpées.

FORMATION D'UNE CALDEIRA

  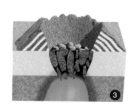 

On nomme caldeira un cratère de plus de 1 km, et pouvant atteindre jusqu'à 60 km de diamètre, formé par l'effondrement du sommet d'un volcan. Lors d'une éruption, le magma s'échappe de la chambre magmatique par la cheminée centrale ainsi que par des cheminées secondaires ❶. Progressivement, ces conduits se vident ❷. La partie centrale du volcan n'arrivant plus à supporter le poids du cône volcanique, le sommet s'effondre ❸. La matière du cône couvre le fond de la caldeira, dont les côtés sont très escarpés. Certaines caldeiras se remplissent parfois d'eau et forment des lacs ❹.

Les points chauds

Des alignements de volcans

À certains endroits bien précis du globe, des poches de magma provenant du manteau inférieur de la Terre (la couche située au-dessus du noyau externe) montent très lentement vers la surface, transpercent l'écorce terrestre et produisent des massifs volcaniques au milieu des plaques tectoniques. Ces points chauds sont fixes ; les alignements de volcans qu'ils créent témoignent du déplacement des plaques au-dessus du manteau terrestre.

DES GÉNÉRATIONS DE VOLCANS DANS L'OCÉAN

Dans les océans, les points chauds créent des alignements caractéristiques d'îles volcaniques. Lorsque le magma remonte à la surface, il perce la plaque océanique et produit un volcan ❶. La plaque se déplace mais le point chaud reste fixe, si bien qu'il cesse d'alimenter ce premier édifice volcanique et crée un nouveau volcan ❷. Le volcan éteint s'érode peu à peu et des récifs coralliens se développent sur ses flancs, formant un atoll, c'est-à-dire une île en forme d'anneau entourant une étendue d'eau peu profonde, le lagon ❸. Le volcan érodé qui a disparu sous la surface de l'océan est appelé un guyot ❹.

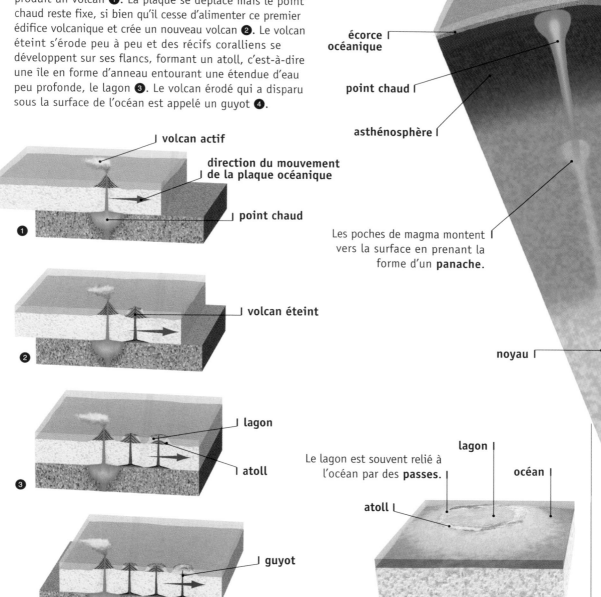

océan

écorce océanique

point chaud

asthénosphère

Les poches de magma montent vers la surface en prenant la forme d'un **panache**.

noyau

volcan actif

direction du mouvement de la plaque océanique

point chaud

❶

volcan éteint

❷

lagon

atoll

❸

guyot

❹

Le lagon est souvent relié à l'océan par des **passes**.

lagon

océan

atoll

Les geysers

Quand la Terre crache de l'eau

Phénomènes spectaculaires, les geysers sont de véritables volcans d'eau qui projettent, de façon continue ou intermittente, d'immenses jets de vapeur et d'eau très chaude. La plupart des geysers sont situés dans des régions volcaniques où le magma est relativement proche de la surface terrestre. On les trouve notamment en Islande, d'où provient le mot *geyser* (signifiant « gerbe jaillissante »), en Nouvelle-Zélande et aux États-Unis, dans le célèbre parc de Yellowstone qui en compte à lui seul plus de 250.

mare de boue | cône du geyser
| cavité | fumerolle

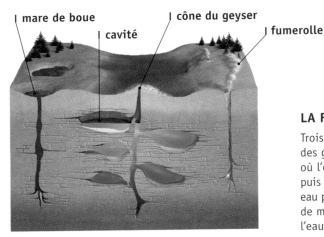

❶

| geyser

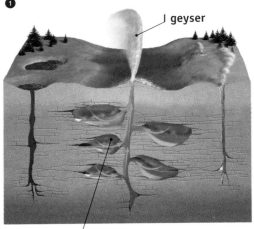

❷ vapeur |

| cavité vide

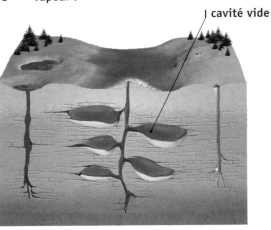

❸

LA FORMATION DES GEYSERS

Trois conditions sont nécessaires à la formation des geysers : la présence d'un circuit souterrain où l'eau qui s'infiltre dans le sol peut circuler puis remonter à la surface ; un réservoir, où cette eau peut s'accumuler ; et la proximité d'une poche de magma (roche en fusion) qui réchauffe l'eau emprisonnée.

L'eau s'infiltre d'abord dans le sol et s'accumule dans des cavités, à proximité d'une poche de magma ❶. Ainsi chauffée, l'eau se transforme peu à peu en vapeur. La pression s'accroît et propulse vers la surface un puissant jet d'eau et de vapeur ❷.

La durée du phénomène varie de quelques minutes à quelques heures. Le jet d'eau s'affaisse lorsque la cavité ne contient plus d'eau ni de vapeur ❸.

Le **Old Faithful** (le Vieux Fidèle) est parmi les plus célèbres geysers du monde. Situé dans le parc de Yellowstone, ce geyser fait preuve d'une surprenante régularité : depuis 1870, il projette des milliers de litres d'eau toutes les 50 à 100 minutes, durant environ 4 minutes.

PAYSAGES VOLCANIQUES

Outre les geysers, l'activité volcanique engendre plusieurs phénomènes géothermiques. Chauffés par les roches volcaniques, l'eau et les gaz présents dans le sol composent des paysages surprenants où jaillissent de la boue, de l'eau ou des fumées.

Des gaz remontent à la surface et forment des **mares de boue** où des particules de roches volcaniques décomposées se mêlent à l'eau.

L'eau qui s'infiltre dans le sol près d'une zone volcanique est chauffée par les roches. Elle remonte à la surface et atteint des températures parfois très élevées. Plusieurs **sources chaudes** sont connues pour leurs vertus thérapeutiques, parmi lesquelles Bath, en Angleterre, et Vichy, en France.

Les **fumerolles** sont des émanations de gaz que l'on retrouve souvent sur les flancs des volcans. Comme les geysers, elles fusent de la terre par un conduit vertical en une colonne de vapeur soufrée.

Les **jets** de vapeur et d'eau qui jaillissent du sol atteignent parfois plus de 100 m de hauteur. Le plus haut geyser encore en activité se trouve dans le parc national Yellowstone : il s'agit du Steamboat, dont le jet dépasse 110 m de hauteur. Au début du siècle, le Waimangu, un geyser de Nouvelle-Zélande, propulsait sa gerbe d'eau jusqu'à plus de 450 m dans les airs.

Des **dépôts de minéraux** se forment au pied du geyser.

Les séismes

Une libération brutale d'énergie

Appelés communément « tremblements de terre », les séismes se produisent lorsque la surface du globe est secouée par une décharge d'énergie issue des profondeurs de la Terre. Le mouvement des plaques lithosphériques, qui se déplacent de 1 à 18 cm par année, et les énormes tensions qu'elles accumulent à leurs points de rencontre sont directement responsables de l'activité sismique. Les séismes se manifestent donc principalement dans les régions volcaniques et à proximité de jeunes chaînes de montagnes, en bordure des plaques.

On estime à près d'un million le nombre de séismes qui ébranlent la Terre chaque année, mais seuls un peu plus de 5 % d'entre eux sont ressentis, les autres étant de trop faible magnitude. Lorsqu'ils se produisent en milieu urbain, les séismes causent de véritables désastres, entraînant parfois la mort de milliers de personnes.

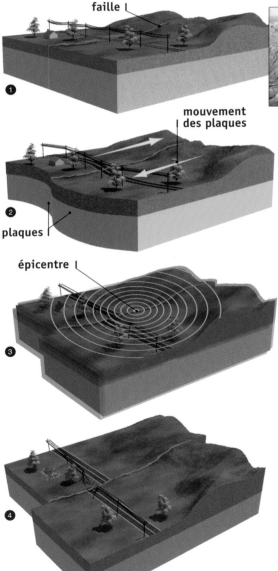

La **faille de San Andreas**, en Californie, compte parmi les fractures de l'écorce terrestre les plus connues.

COMMENT SE PRODUIT UN SÉISME

Les séismes se produisent habituellement le long des failles de l'écorce terrestre, au point de rencontre de deux plaques tectoniques ❶.

Le mouvement des plaques comprime et étire la roche, la soumettant ainsi à des tensions et des frictions considérables. À cette étape, les bords des plaques demeurent solidaires et immobiles ❷.

Lorsque la force devient trop grande, une immense quantité d'énergie est libérée brutalement, produisant une série de secousses de l'écorce terrestre et des vibrations qui se propagent jusqu'à la surface ❸.

Après le séisme, la région touchée subit une modification morphologique ❹.

Peu à peu, les tensions recommencent à s'accumuler...

Le séisme survenu dans la région de Los Angeles, en Californie, en janvier 1994 a eu des effets dévastateurs.

LOCALISATION D'UN SÉISME

Lorsqu'on décrit la localisation d'un séisme, on distingue deux zones précises : l'hypocentre et l'épicentre. L'hypocentre peut se situer jusqu'à 700 km de la surface. Plus le foyer est profond, plus les ondes se propagent loin. Toutefois, la plupart des séismes ont leur hypocentre à moins de 20 km de profondeur. Chaque particule oscille, et cette oscillation se transmet très vite d'une particule à une autre sur de très longues distances, à la façon des cercles concentriques à la surface de l'eau.

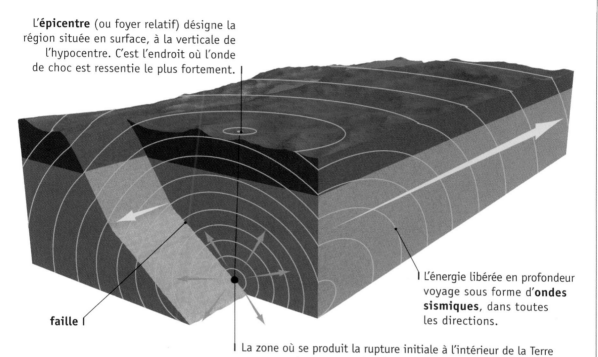

L'**épicentre** (ou foyer relatif) désigne la région située en surface, à la verticale de l'hypocentre. C'est l'endroit où l'onde de choc est ressentie le plus fortement.

faille

L'énergie libérée en profondeur voyage sous forme d'**ondes sismiques**, dans toutes les directions.

La zone où se produit la rupture initiale à l'intérieur de la Terre se nomme **hypocentre** (ou foyer réel) du séisme. C'est de ce point que provient l'énergie soudainement libérée.

L'ÉCHELLE DE RICHTER		
magnitude	**effets**	**fréquence annuelle**
< 2	microséisme, non perceptible, enregistré sur les instruments locaux	600 000
2 à 2,9	séisme potentiellement perceptible	300 000
3 à 3,9	séisme ressenti par peu de gens	50 000
4 à 4,9	séisme ressenti par la majorité des gens	6 200
5 à 5,9	séisme modéré, quelques dommages causés par les secousses	800
6 à 6,9	séisme important, dommages en zone habitée	100 à 300
7 à 7,9	séisme majeur, dommages importants en zone habitée	15 à 20
> 8	séisme très rare, destruction totale en zone habitée	1 à 4

Il existe plusieurs méthodes pour calculer l'intensité d'un séisme. Certaines tiennent compte de l'ampleur des dégâts matériels (éclats de vitres, chutes des édifices, etc.) et nécessitent une observation sur place. C'est le cas de l'échelle de Mercalli.

Conçue par le géophysicien américain Charles Francis Richter, l'échelle de Richter mesure de façon plus précise la magnitude d'un séisme, c'est-à-dire la quantité d'énergie libérée. Chaque nombre entier sur l'échelle correspond à une force 32 fois plus puissante que le nombre précédent. Ainsi un séisme d'une magnitude de 6 est 32 fois plus puissant qu'un séisme d'une magnitude de 5.

Les ondes sismiques

Lorsque la tension entre les plaques atteint son point culminant, une incroyable énergie est violemment relâchée sous la forme d'ondes de choc : les ondes sismiques. Ces ondes franchissent de grandes distances, provoquant des vibrations dans les roches jusqu'à la surface.

Afin de mesurer l'intensité d'un séisme, on utilise un sismographe, instrument permettant de mesurer les déplacements horizontal et vertical du sol. Le sismogramme (graphique produit par le sismographe) constitue un portrait des ondes qui secouent la Terre : il présente une ligne irrégulière, dont chaque écart correspond à un mouvement du sol.

ENREGISTRER LES SECOUSSES VERTICALES

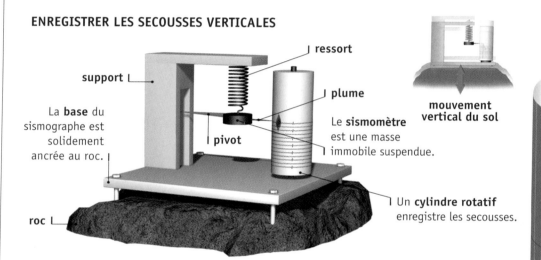

support

La **base** du sismographe est solidement ancrée au roc.

roc

ressort

plume

Le **sismomètre** est une masse immobile suspendue.

pivot

mouvement vertical du sol

Un **cylindre rotatif** enregistre les secousses.

Lorsque survient un séisme, le mouvement du sol causé par les ondes sismiques est transmis à la base de l'appareil. À la manière d'un pendule, le sismomètre demeure immobile par inertie, de sorte qu'il sert de point de référence indépendant par rapport au mouvement du sol. La plume reliée à la masse très lourde permet d'enregistrer ce déplacement sur le cylindre rotatif.

ENREGISTRER LES SECOUSSES HORIZONTALES

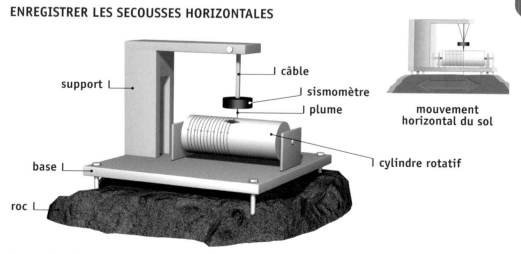

support

base

roc

câble

sismomètre

plume

cylindre rotatif

mouvement horizontal du sol

L'appareil utilisé pour enregistrer les secousses horizontales fonctionne de la même façon. Lorsque le sol bouge, l'ensemble du sismographe se déplace horizontalement à l'exception de la masse suspendue qui reste immobile, par inertie.

TROIS TYPES D'ONDES SISMIQUES

Les ondes sismiques produites par un séisme traversent de grandes distances et peuvent être détectées très loin de leur origine. À des vitesses différentes, trois types d'ondes voyagent ainsi à la surface et à l'intérieur du globe.

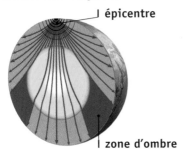

épicentre

zone d'ombre

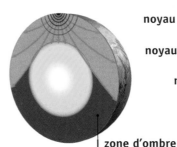

zone d'ombre

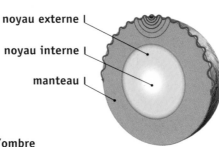

noyau externe

noyau interne

manteau

Les **ondes P** (ondes primaires) se transmettent dans tous les milieux, et sont les premières à être enregistrées par le sismographe. Des phénomènes de réfraction les empêchent toutefois d'atteindre certaines régions du globe, appelées zones d'ombre.

Les **ondes S** (ondes secondaires de cisaillement) ne se propagent que dans les milieux solides et arrivent après les ondes P. Bloquées par le noyau liquide, elles évitent une grande zone d'ombre.

Lorsqu'elles atteignent la surface, les ondes P et S sont converties en **ondes L** (ondes longues) qui agissent en surface seulement et sont les plus lentes des trois.

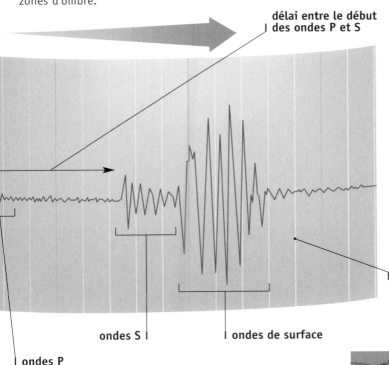

délai entre le début des ondes P et S

sismogramme

ondes S

ondes de surface

ondes P

L'ANALYSE DU SISMOGRAMME

Lorsqu'un séisme se produit, les oscillations du sol sont matérialisées sur le sismogramme par des ondulations caractéristiques, correspondant aux trois types d'ondes sismiques. En mesurant le délai entre le début des ondes P et le début des ondes S, il est possible de déterminer à quelle distance du sismographe se trouve l'épicentre du séisme.

LOCALISATION DE L'ÉPICENTRE

L'épicentre d'un séisme peut être localisé à partir de l'analyse des relevés provenant de trois stations situées à des endroits différents.

Pour le localiser précisément, les sismologues dessinent sur une carte géographique un cercle de rayon équivalent à la distance obtenue à partir du graphique. Le point où se rencontrent les trois cercles correspond à l'épicentre.

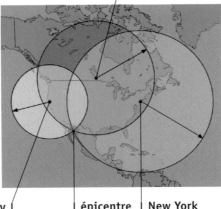

Winnipeg

Berkeley

épicentre

New York

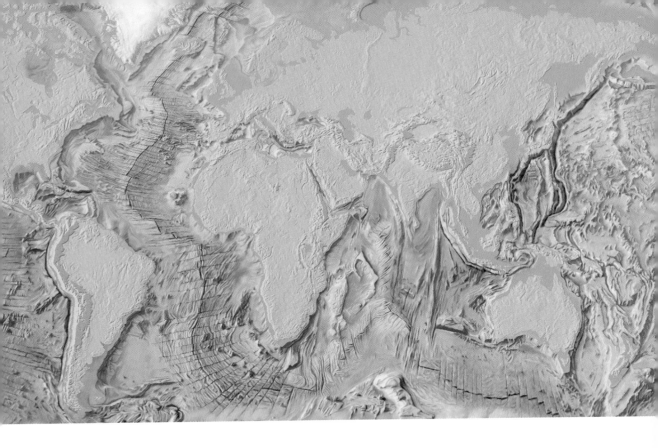

Comment un ruisseau devient-il fleuve ? À quoi ressemblent les fonds marins ? Pourquoi les marées existent-elles ? Du sommet des montagnes jusqu'aux profondeurs abyssales, l'eau est partout présente sur notre planète : elle couvre même les deux tiers de sa surface. Théâtre de phénomènes passionnants, comme les courants marins, les tsunamis et les vagues, l'océan constitue un facteur essentiel d'échange d'énergie et de matière autour du globe.

L'eau et les océans

Les cours d'eau

Comment fleuves et rivières irriguent la planète

En s'écoulant du sommet des montagnes jusqu'à la mer, l'eau alimente des glaciers, des lacs, des rivières et des fleuves. Parvenue dans l'océan, elle s'évapore et forme des nuages, qui approvisionnent à nouveau les cours d'eau. Depuis des millions d'années, ce vaste cycle de l'eau dessine les paysages en creusant les vallées, en érodant les montagnes, en modifiant les littoraux.

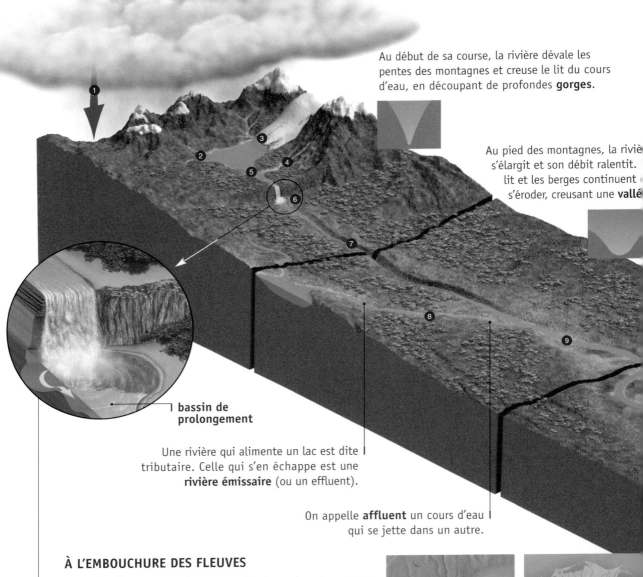

Au début de sa course, la rivière dévale les pentes des montagnes et creuse le lit du cours d'eau, en découpant de profondes **gorges**.

Au pied des montagnes, la riviè s'élargit et son débit ralentit. lit et les berges continuent s'éroder, creusant une **vallé**

**bassin de
prolongement**

Une rivière qui alimente un lac est dite tributaire. Celle qui s'en échappe est une **rivière émissaire** (ou un effluent).

On appelle **affluent** un cours d'eau qui se jette dans un autre.

À L'EMBOUCHURE DES FLEUVES

Lorsqu'un fleuve rencontre une marée plus puissante que son courant, les sédiments qu'il charrie se dispersent. Le fleuve s'ouvre comme un entonnoir : c'est ce qu'on appelle un **estuaire**.

Lorsqu'il ne se heurte pas à un courant plus fort, le fleuve dépose ses sédiments à l'embouchure. Les alluvions, c'est-à-dire les dépôts de sédiments, se disposent en un éventail que divisent plusieurs chenaux de grosseurs et de formes variées. On parle alors de **delta**.

L'estuaire du Saint-Laurent, Le delta du Nil, en Égyp au Canada.

LES RÉSEAUX HYDROGRAPHIQUES

Les cours d'eau (sources, rivières, fleuves et lacs) forment un réseau hydrographique hiérarchisé. Chacun d'eux se jette dans un cours d'eau plus important pour aboutir à la mer. Ils s'organisent selon une géométrie constante qui varie selon le climat, les reliefs et la nature des roches. On dénombre une douzaine de ces réseaux caractéristiques.

Chaque réseau hydrographique est limité par une frontière naturelle que forment les crêtes des plus hautes altitudes : il s'agit de la ligne de partage des eaux. En Amérique du Nord, cette ligne traverse du nord au sud les montagnes Rocheuses : à l'est des Rocheuses, les cours d'eau se déversent dans l'Atlantique ; à l'ouest, ils gagnent le Pacifique.

Le **réseau dendritique** (ou arborescent) est l'un des plus communs. On le retrouve dans les zones où le relief et la nature des roches sont homogènes.

Le **réseau étoilé** (ou radial) est caractéristique des montagnes, où les cours d'eau divergent à partir du sommet.

Le **réseau réticulé**, en forme de damier, apparaît fréquemment sur les sols constitués de roches alternativement dures et tendres, souvent entaillés par des failles.

DU RUISSEAU À LA MER

L'eau de pluie ❶ s'infiltre dans le sol et affleure ensuite à la surface sous forme de source ❷, dévalant collines et montagnes. Alimenté parfois par l'eau de la fonte des glaciers ❸, le ruisseau se transforme en torrent ❹ à la croisée de plusieurs sources, puis devient une jeune rivière ❺ qui poursuit sa course à travers la montagne, suivant les pentes abruptes et plongeant dans des chutes ❻. La rivière creuse de profondes gorges ❼, puis s'élargit. Alimentée par des affluents ❽, elle devient fleuve ❾. De plus en plus large, le fleuve engendre des méandres ❿. Il forme souvent à son embouchure un delta ⓫ saturé des sédiments qu'il a transportés, et se déverse finalement dans la mer ⓬. L'évaporation ⓭ de l'eau des océans forme à nouveau des nuages. Le cycle de l'eau recommence.

Lorsqu'elle atteint la **plaine**, la rivière arrive à son niveau de base et façonne des méandres où se déposent des sédiments.

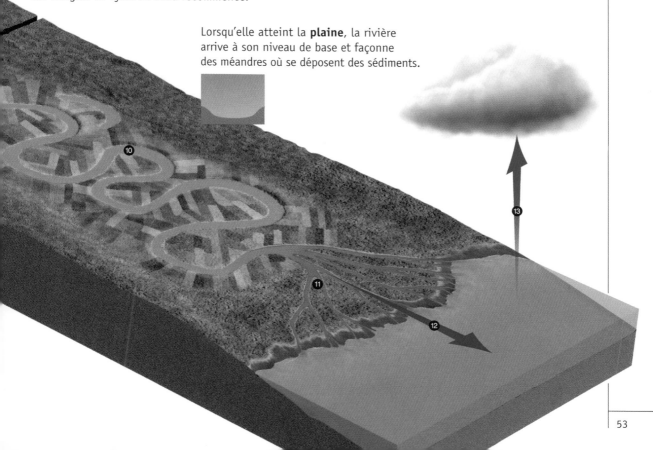

Fleuves et lacs du monde

L'eau douce à la surface du globe

Baignés par les océans, les continents sont aussi parcourus par de vastes réseaux hydrographiques. Par rapport à la somme totale d'eau que l'on trouve sur Terre, la quantité d'eau des rivières, des fleuves et des lacs est minime (à peine 0,03 %), mais elle représente tout de même un volume très important. Ruisselant des montagnes, les eaux de surface irriguent les vallées et les plaines sur tout le globe. Un fleuve comme l'Amazone bénéficie de l'apport de 15 000 affluents. Même les zones désertiques offrent parfois une oasis découvrant une nappe d'eau souterraine.

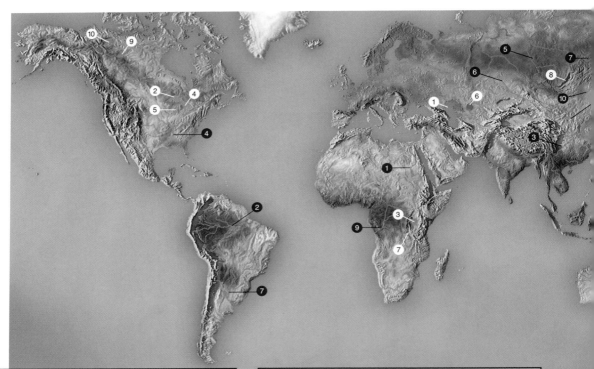

LES PLUS LONGS FLEUVES		
	longueur (km)	bassin (km²)
❶ Nil	6 670	3 349 000
❷ Amazone	6 570	6 000 000
❸ Yangzi Jiang	6 300	1 808 000
❹ Mississippi-Missouri	5 970	3 290 000
❺ Ienisseï-Angara	5 870	2 554 000
❻ Ob-Irtych	5 410	2 972 000
❼ Paraná-Rio de la Plata	4 880	2 800 000
❽ Huang He	4 840	752 000
❾ Congo	4 630	3 730 000
❿ Amour	4 440	1 930 000

LES PLUS GRANDS LACS		
	superficie (km²)	profondeur (m)
① mer Caspienne	386 400	1 025
② lac Supérieur	82 100	405
③ lac Victoria	69 500	82
④ lac Huron	59 800	228
⑤ lac Michigan	57 750	281
⑥ mer d'Aral	33 800	54
⑦ lac Tanganyika	32 900	1 436
⑧ lac Baïkal	31 700	1 620
⑨ Grand Lac de l'Ours	31 600	82
⑩ Grand Lac des Esclaves	28 900	614

LES LACS

Les eaux de surface s'écoulent généralement vers la mer, mais il arrive parfois qu'elles soient retenues par une dépression ou un barrage et qu'elles forment alors un lac. Même si la plupart des lacs sont remplis d'eau douce, d'autres présentent une salinité élevée due à une importante évaporation d'eau et à l'accumulation de sels minéraux dissous. Le Grand Lac Salé de l'Utah, aux États-Unis, est même plus salé que l'océan. Ce n'est donc pas la nature de l'eau qui distingue les mers des lacs, mais le fait qu'ils subissent ou non l'influence de l'océan mondial (ensemble comprenant les grands océans).

Les eaux des **lacs d'origine glaciaire** se sont accumulées dans les dépressions creusées par les glaciers et dans les vallées où des moraines parfois hautes de 200 m ont créé des barrages. La plupart des lacs de l'hémisphère Nord sont de ce type.

Les **lacs d'origine tectonique** occupent des bassins naturels qui résultent des mouvements de la croûte terrestre le long des plis et des failles. Souvent situés sous le niveau de la mer, ils forment parfois des systèmes fermés, sans affluents.

Les cratères de certains volcans se sont remplis d'eau. Ces **lacs d'origine volcanique** peuvent aussi se former dans les vallées où des coulées de lave retiennent les eaux.

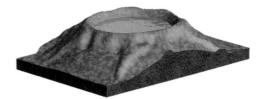

Des lacs en croissance apparaissent parfois aux abords des rivières et des fleuves. On les nomme **bras morts**, car il s'agit de méandres abandonnés par le cours d'eau. À moins qu'ils ne soient régulièrement alimentés, ces lacs s'assèchent rapidement.

Une **oasis** se forme dans les déserts lorsque le vent érode le sol et permet à la nappe phréatique d'affleurer. Elle apparaît aussi à la faveur d'une ligne de faille qui fait jaillir l'eau en un point donné.

DISTRIBUTION DE L'EAU

océans (97,2 %)

eau douce (2,8 %)

glaciers et banquises (77 %)

eau souterraine (22 %)

eau de surface (fleuves, lacs, rivières) (1 %)

Les **réservoirs**, des lacs artificiels dont les eaux sont souvent retenues par des barrages, fournissent l'eau nécessaire à la consommation, l'irrigation des terres ou la production d'énergie hydroélectrique.

L'océan mondial

La vaste étendue d'eau qui couvre la planète

Les terres émergées ne composent que 30 % de la surface terrestre. Le reste est couvert par une formidable masse d'eau salée de plus d'un milliard de kilomètres cubes (97,2 % de l'eau de la planète), l'océan mondial. Ce vaste ensemble océanique est divisé par les continents en quatre régions principales (les océans Pacifique, Atlantique, Indien et Arctique) et en de nombreux bassins de moindre importance, souvent peu profonds et situés en retrait, les mers. Bien qu'ils soient situés à l'intérieur des terres, sans aucun lien avec l'océan mondial, certains lacs salés sont aussi qualifiés de mers. C'est le cas de la mer Caspienne et de la mer Morte.

TEMPÉRATURE DE L'OCÉAN

La température de l'eau de mer dépend de la saison et de la latitude, mais surtout de la profondeur. Chauffées par les rayons solaires, les eaux de surface ❶ ont une température moyenne qui varie de 25 à 28 °C à l'équateur, de 12 à 17 °C dans les zones tempérées, mais seulement de −1 à 4 °C dans les régions polaires. La couche d'eau inférieure est appelée thermocline ❷. Il s'agit d'une zone de transition, où la diminution de la luminosité fait chuter brutalement la température jusqu'à 5 °C. Enfin, dans la zone la plus profonde ❸, il règne une température à peu près uniforme, variant à peine de 0 à 4 °C, sous n'importe quelle latitude et en toutes saisons.

océan
Pacifique Nord

océan
Pacifique Sud

COMPOSITION DE L'EAU DE MER

Variable d'un endroit à l'autre, la salinité des eaux océaniques se situe généralement entre 3,2 % et 3,7 %. Dans les régions tropicales, la température élevée et le faible taux de précipitation favorisent l'évaporation de l'eau et par conséquent la concentration des sels. À l'inverse, les régions tempérées, dont les températures sont plus basses et les précipitations plus abondantes, ont une eau moins salée.

L'eau de mer contient presque tous les éléments chimiques connus, parmi lesquels le chlore, le sodium, le soufre, le magnésium et le calcium.

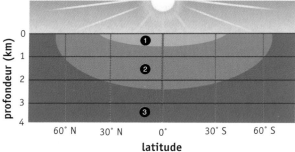

eau (96,5 %)

salinité (3,5 %)

chlore (55 %)

sodium (30,6 %)

autres éléments (0,7 %)

potassium (1,1 %)

calcium (1,2 %)

magnésium (3,7 %)

soufre (7,7 %)

PRINCIPAUX OCÉANS ET MERS DU MONDE

1. mer de Bering
2. golfe d'Alaska
3. mer de Beaufort
4. baie d'Hudson
5. mer du Labrador
6. golfe du Mexique
7. mer des Caraïbes

8. mer de Weddell
9. mer du Groenland
10. mer de Norvège
11. mer du Nord
12. mer Baltique
13. mer Adriatique
14. mer Noire

15. mer Méditerranée
16. mer Rouge
17. golfe Persique
18. mer d'Oman
19. golfe du Bengale
20. mer de Chine
21. mer des Philippines

22. mer du Japon
23. mer d'Okhotsk
24. mer de Corail
25. mer de Tasman
26. mer de Ross

L'eau et les océans

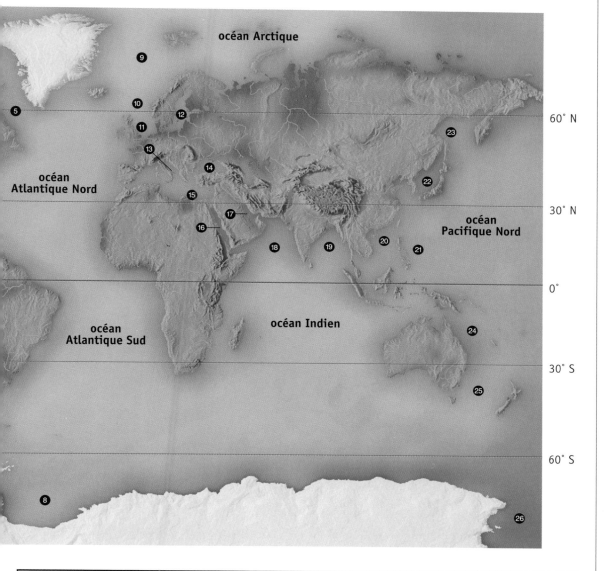

océans	superficie	volume	point le plus profond
Pacifique	165 000 000 km²	707 000 000 km³	11 034 m (fosse des Mariannes)
Atlantique	82 400 000 km²	23 600 000 km³	9 218 m (fosse de Porto Rico)
Indien	73 400 000 km²	292 000 000 km³	7 450 m (fosse de Java)
Arctique	14 000 000 km²	16 700 000 km³	5 450 m (bassin de Nansen)

Le fond de l'océan

Il est difficile d'imaginer que les montagnes et les vallées que nous avons sous les yeux existent aussi sous les océans. Les fonds sous-marins recèlent pourtant des éléments de relief beaucoup plus diversifiés que ce qu'on pourrait croire. Montagnes, plaines, plateaux, volcans, fosses et canyons y composent des paysages stupéfiants, très semblables à ceux des continents, à la différence près que leur dimension dépasse souvent tout ce qui existe à la surface.

Le **plateau continental** borde les côtes des continents. Il s'agit d'une extension sous-marine de la terre ferme recouverte de sédiments. Le plateau (ou plate-forme) s'étend sur des distances qui varient de 1 à 1 000 km. Il gagne généralement le large en pente douce, à des profondeurs de 150 à 200 m.

Coïncidant avec la fin du plateau continental, le **talus continental** forme la véritable frontière entre le continent et l'océan. C'est une dénivellation abrupte, plongeant à plus de 3 000 m de profondeur.

canyon

Les sédiments s'écoulant par les canyons forment des **éventails**.

Les **guyots** sont des volcans dont le sommet a été érodé.

LES TAPIS SOUS-MARINS

Alors que les roches composant les continents datent de 3,8 milliards d'années, aucune de celles qui forment le fond des océans n'a plus de 200 millions d'années. La croûte océanique est en effet constamment renouvelée par l'activité volcanique.

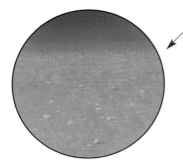

Les fonds sous-marins éloignés des dorsales océaniques sont recouverts de sédiments (résidus d'organismes marins, de sable, de poussières volcaniques et de pierrailles) dont l'épaisseur peut atteindre 500 m.

Les plaines abyssales sont constituées de roches volcaniques dont la surface a été usée par le temps. Des sédiments commencent à s'y accumuler.

À proximité des dorsales océaniques, ce sont des roches volcaniques qui composent les sols sous-marins. Les sédiments ne s'y sont pas encore déposés.

LA NAISSANCE D'UN OCÉAN

Sans que nous le percevions, des océans sont en train de naître sur la planète. Ce processus qui s'étend sur plusieurs dizaines de millions d'années, débute lorsque deux plaques continentales s'écartent et laissent le magma du manteau s'infiltrer par les fissures ❶. La croûte s'amincit, se bombe puis s'affaisse, ce qui produit un rift ❷. L'eau envahit progressivement la nouvelle vallée ❸, alors que le mouvement d'écartement se poursuit. En s'accumulant, la lave forme une nouvelle croûte océanique tandis que l'ancienne croûte est repoussée vers l'extérieur. Le long de la zone de fracture, la croûte se plisse comme un tapis, jusqu'à former des montagnes au fond du nouvel océan ❹.

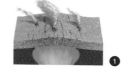

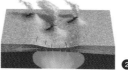

La plus grande partie du fond de l'océan est occupée par de vastes **plaines abyssales** composées de croûte océanique. Généralement situées à 3 000 m de profondeur, ces plaines descendent parfois jusqu'à 6 000 m, mais la dénivellation est si douce qu'elle est à peine perceptible.

dorsale océanique

montagne sous-marine

niveau de la mer

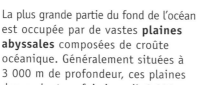

arc insulaire

plaque océanique plongeante

Les **fosses océaniques** se trouvent au point de rencontre des plaques tectoniques, dans les zones de subduction. Elles peuvent atteindre plus de 10 000 mètres de profondeur.

Parmi les reliefs étonnants que présente le fond de l'océan, on trouve des **volcans**, dont certains émergent pour former des îles.

Fosses et dorsales océaniques

Le relief des fonds marins

Le fond de l'océan n'est pas uniformément plat. Les plaines abyssales sont en effet traversées par d'immenses chaînes montagneuses, les dorsales océaniques, qui s'étendent sur près de 70 000 km de longueur! Hautes de 1 000 à 3 000 m, ces montagnes sous-marines sont entaillées sur toute leur longueur par un rift, une plaine d'effondrement centrale qui se forme à mesure que les plaques océaniques s'écartent. À la rencontre des plaques tectoniques, de gigantesques dépressions océaniques, les fosses, atteignent des profondeurs comparables à l'altitude des plus hauts sommets continentaux.

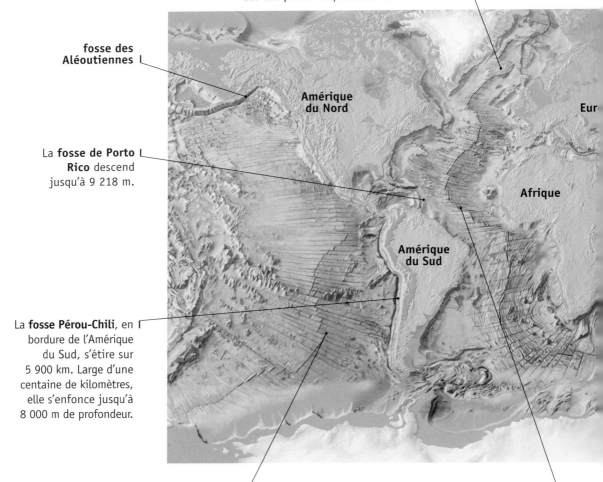

Certaines montagnes sous-marines de la dorsale médio-atlantique atteignent la surface, formant des îles parfois imposantes comme l'**Islande**.

fosse des Aléoutiennes

Amérique du Nord

Eur

La **fosse de Porto Rico** descend jusqu'à 9 218 m.

Afrique

Amérique du Sud

La **fosse Pérou-Chili**, en bordure de l'Amérique du Sud, s'étire sur 5 900 km. Large d'une centaine de kilomètres, elle s'enfonce jusqu'à 8 000 m de profondeur.

Le submersible *Alvin* a découvert près de la **dorsale est-pacifique** des évents, ou « fumeurs noirs ». Ces cheminées naturelles, qui crachent des sulfures de fer à plus de 270 °C, mesurent jusqu'à 20 m de hauteur.

La **dorsale médio-atlantique** se trouve au milieu de l'océan Atlantique, à mi-chemin entre les continents américains et l'Europe et l'Afrique.

SCRUTER LES PROFONDEURS

Depuis la bathysphère construite par William Beebe dans les années 1930, plusieurs engins ont été construits successivement dans le but d'explorer les océans. Ils ont plongé de plus en plus profondément, jusqu'à atteindre des profondeurs extrêmes. Avec 10 912 m, le bathyscaphe *Trieste* détient le record de plongée depuis 1960.

La **fosse des Mariannes**, au nord-ouest du Pacifique, plonge jusqu'à 11 034 m. Elle pourrait facilement contenir l'Everest, haut de 8 848 m. C'est le point le plus profond du monde.

La **fosse des Philippines** atteint une profondeur de 10 500 m.

fosse de Java

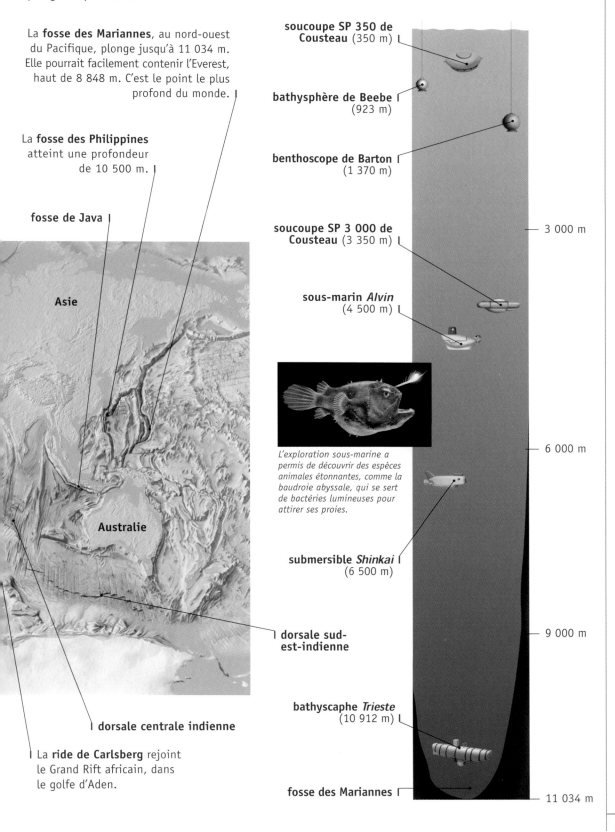

soucoupe SP 350 de Cousteau (350 m)

bathysphère de Beebe (923 m)

benthoscope de Barton (1 370 m)

— 3 000 m

soucoupe SP 3 000 de Cousteau (3 350 m)

sous-marin *Alvin* (4 500 m)

L'exploration sous-marine a permis de découvrir des espèces animales étonnantes, comme la baudroie abyssale, qui se sert de bactéries lumineuses pour attirer ses proies.

— 6 000 m

submersible *Shinkai* (6 500 m)

Asie

Australie

dorsale sud-est-indienne

— 9 000 m

dorsale centrale indienne

La **ride de Carlsberg** rejoint le Grand Rift africain, dans le golfe d'Aden.

bathyscaphe *Trieste* (10 912 m)

fosse des Mariannes

— 11 034 m

Les courants marins

La circulation des eaux océaniques

Les vents qui balaient la surface des océans engendrent de puissants courants marins. Sous la pression de l'air, les molécules d'eau s'animent d'abord en surface, puis en profondeur, créant ainsi des mouvements de masse qui empruntent des itinéraires bien précis. Ce vaste brassage des eaux alimente les océans en oxygène. Il est aussi parfois la cause de graves bouleversements climatiques, comme en témoigne le courant chaud cyclique El Niño, responsable de pluies torrentielles en Amérique du Sud et de sécheresses en Asie.

COURANTS DE SURFACE ET COURANTS PROFONDS

Les courants qui sillonnent les couches superficielles des océans sont des courants chauds. Il existe aussi des courants profonds, beaucoup plus froids, qui sont créés par la différence de densité des masses d'eau.

Dans les zones polaires, les glaces drainent le sel vers le fond de l'océan. Plus froides et plus salées que les eaux issues de l'équateur, ces eaux polaires plongent donc sous les courants chauds et se dirigent alors vers l'équateur, modérant la température globale des eaux et du climat. Au cours de ce trajet, les eaux se réchauffent et remontent graduellement vers la surface.

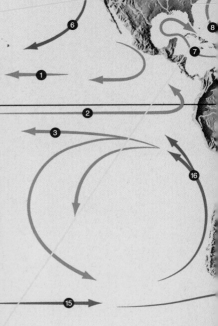

LE GULF STREAM

Parmi les courants générés par des vents dominants, le Gulf Stream est sans doute le plus connu. Comme le courant du Brésil, il prend naissance près de l'équateur, où soufflent les alizés, mais alors que celui-ci se déploie dans l'hémisphère Sud, le Gulf Stream se dirige vers le nord, puis le nord-est. Large de 60 km et profond d'au moins 600 m, il parcourt 120 km par jour.

L'image satellite (ci-dessus) montre comment les eaux chaudes du Gulf Stream (coloriées en rouge et en jaune) réchauffent le climat jusqu'aux hautes latitudes.

L'INFLUENCE DE LA ROTATION TERRESTRE

Les courants marins suivent une trajectoire qui n'épouse pas parfaitement la direction des vents, car ils sont déviés par la force de Coriolis, un phénomène généré par la rotation de la Terre. Ainsi, les courants tracent généralement une courbe vers la droite dans l'hémisphère Nord, tandis qu'ils dévient vers la gauche au sud.

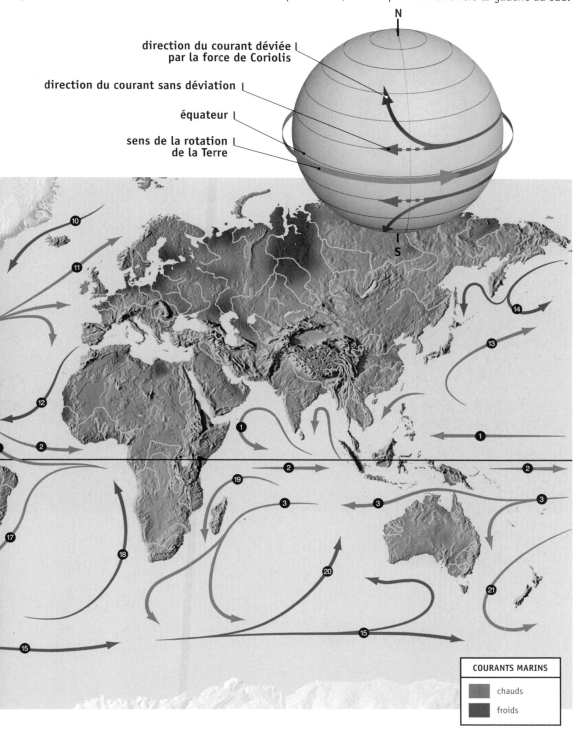

direction du courant déviée par la force de Coriolis

direction du courant sans déviation

équateur

sens de la rotation de la Terre

COURANTS MARINS

chauds
froids

PRINCIPAUX COURANTS MARINS

1. courant nord-équatorial
2. contre-courant équatorial
3. courant sud-équatorial
4. dérive nord-pacifique
5. courant de l'Alaska
6. courant de Californie
7. courant des Caraïbes
8. Gulf Stream
9. courant du Labrador
10. courant du Groenland
11. dérive nord-atlantique
12. courant des Canaries
13. Kuroshio
14. Oyashio
15. courant antarctique
16. courant du Pérou
17. courant du Brésil
18. courant de Benguela
19. courant des Aiguilles
20. courant d'Australie occidentale
21. courant d'Australie orientale

Les vagues

Un phénomène de surface

À quoi doit-on le spectacle continuel des vagues venant se briser sur les rivages ? Contrairement à ce que l'on peut croire, les vagues ne sont pas produites par des déplacements d'eau considérables. Bien qu'une illusion d'optique suggère que l'eau voyage du large vers la rive, une vague n'est en effet qu'une forme produite par le mouvement d'une onde générée par le vent. Cette onde se brise lorsque les vagues atteignent le rivage.

La force du vent, sa durée d'action et sa course, qui est l'étendue d'eau sur laquelle il agit sans obstacle, déterminent la puissance des vagues. La plus haute vague a été observée dans l'océan Pacifique en 1933 : elle atteignait 34 mètres de hauteur.

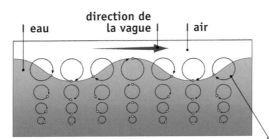

direction de la vague | eau | air

DES PARTICULES EN ROTATION

Dans une vague, seules bougent quelques particules d'eau animées par la différence de pression causée par le vent. Ces particules se déplacent très peu horizontalement, mais décrivent une orbite circulaire qui s'accomplit au passage de chaque crête et qui présente un diamètre égal à la hauteur de la vague.

mouvement circulaire des particules

L'ONDE QUI DÉFERLE

Sous l'effet du vent, les particules d'eau roulent en surface et l'oscillation de l'eau se propage sous forme d'ondes ❶. Les vagues se maintiennent tant que le vent ne faiblit pas et qu'aucun obstacle ne les entrave. Lorsque la houle atteint la côte, elle est freinée par la remontée du fond ❷ et les vagues changent d'aspect : leurs crêtes se resserrent ❸ et leur longueur d'onde diminue, même si la période (l'intervalle de temps séparant deux crêtes) demeure la même. La hauteur de la vague s'accroît ❹ et le mouvement des particules d'eau devient elliptique ❺. Lorsque ce mouvement ne peut plus s'accomplir, la vague se brise : c'est le déferlement. L'énergie se disperse en projetant les particules vers l'avant ❻, en un flux d'écume.

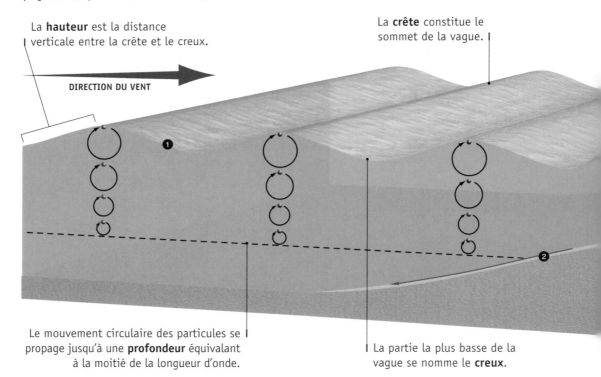

La **hauteur** est la distance verticale entre la crête et le creux.

La **crête** constitue le sommet de la vague.

DIRECTION DU VENT

Le mouvement circulaire des particules se propage jusqu'à une **profondeur** équivalant à la moitié de la longueur d'onde.

La partie la plus basse de la vague se nomme le **creux**.

DES VAGUES EXCEPTIONNELLES

Plus une onde se propage sans rencontrer d'obstacle, plus les vagues sont puissantes. Les rives de l'île d'Oahu à Hawaii reçoivent des vagues exceptionnelles, atteignant souvent 10 mètres de hauteur. Elles prennent naissance au large des îles Aléoutiennes, près de l'Alaska, et ne sont freinées que par le plateau continental sous-marin, à leur arrivée.

UNE BOUTEILLE À LA MER

À moins d'être poussée au large par un courant marin ou le vent, une bouteille lancée à la mer ne se déplace presque pas ; elle suit simplement le mouvement circulaire des particules d'eau.

Portée par le mouvement de la houle, elle monte dans les crêtes ❶, avance ❷, descend dans les creux ❸, recule à l'approche d'une nouvelle vague ❹ et remonte pour revenir à sa position originale à l'arrivée de la nouvelle crête ❺.

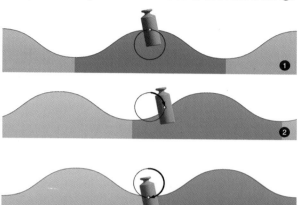

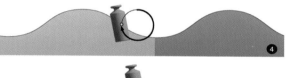

La **houle** désigne le mouvement ondulatoire des vagues au large, avant qu'elles ne se brisent.

La **longueur d'onde** désigne la distance horizontale entre deux crêtes successives.

On nomme **déferlantes** les vagues qui se brisent en écume sur les côtes.

La vague s'affaisse et s'enfonce dans la mer, créant un **courant de retour.**

Au moment de déferler sur le rivage, la crête forme pendant un court instant un **rouleau** (cylindre d'air).

Les tsunamis

Des vagues gigantesques

Très différent des phénomènes de surface provoqués par les ouragans ou les tempêtes, le tsunami est une succession de vagues gigantesques produites par un accident géologique sous-marin : séisme, éruption volcanique ou glissement de terrain. L'appellation « raz-de-marée », qui lui est parfois donnée, est donc inexacte car le phénomène n'a rien à voir avec les marées.

Le volume d'eau déplacée et l'énergie qui résultent d'un tsunami sont immenses, ce qui explique que le phénomène soit généralement plus meurtrier que les éruptions volcaniques ou les tremblements de terre. En Alaska, en 1958, un glissement de terrain a produit une vague d'une hauteur exceptionnelle de 52 mètres.

LE DÉVELOPPEMENT D'UN TSUNAMI

Un accident géologique survenant au fond de la mer, à des milliers de mètres de profondeur, provoque l'affaissement ou la remontée ❶ d'une partie du fond de l'océan. Une onde de choc ❷ se forme et crée des vagues ❸ qui se déplacent à la vitesse de 600 à 800 km/h. Cette vitesse étant proportionnelle à la profondeur, elle diminue lorsque le tsunami s'approche de la côte ; la remontée ❹ graduelle du fond augmente la hauteur de la vague. Lorsque le fond sous-marin devient peu profond, la houle se forme ; la vitesse de l'onde diminue alors jusqu'à environ 50 km/h, mais la hauteur ❺ des vagues augmente considérablement. En fin de parcours, ces gigantesques vagues ❻ déferlent sur le littoral.

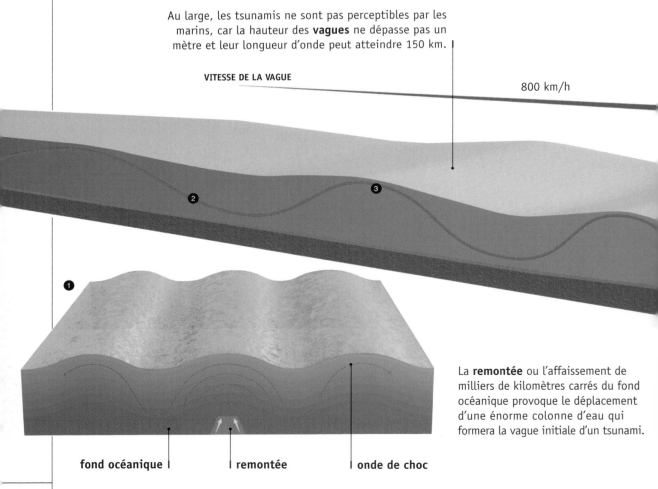

Au large, les tsunamis ne sont pas perceptibles par les marins, car la hauteur des **vagues** ne dépasse pas un mètre et leur longueur d'onde peut atteindre 150 km.

VITESSE DE LA VAGUE

800 km/h

La **remontée** ou l'affaissement de milliers de kilomètres carrés du fond océanique provoque le déplacement d'une énorme colonne d'eau qui formera la vague initiale d'un tsunami.

fond océanique | remontée | onde de choc

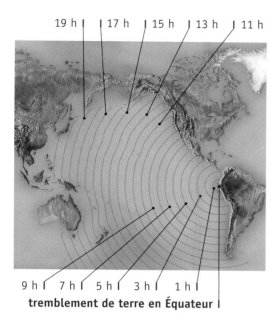

19 h | 17 h | 15 h | 13 h | 11 h

9 h | 7 h | 5 h | 3 h | 1 h

tremblement de terre en Équateur |

Un séisme survenant en Équateur peut provoquer un tsunami qui voyagera pendant plus de 20 heures avant de frapper avec force le Japon.

DANGER ! TSUNAMIS EN VUE !

Quoique des tsunamis se produisent dans tous les océans du globe, la majorité d'entre eux ont lieu dans le Pacifique. L'activité géologique des failles sous-marines de la ceinture de feu du Pacifique rend cette région plus propice à la formation de tsunamis. Les risques dépendent de la topographie du fond marin et du littoral : les baies et les péninsules augmentent la hauteur des vagues des tsunamis, alors que des récifs coralliens au large contribuent à en dissiper la force.

Les tsunamis voyageant pendant plusieurs heures avant d'atteindre les côtes, plusieurs pays limitrophes du Pacifique coopèrent afin de surveiller en permanence les fonds marins. Les données enregistrées par les sismographes sont transmises par satellite au centre de contrôle international d'Hawaii, l'International Tsunami Warning System.

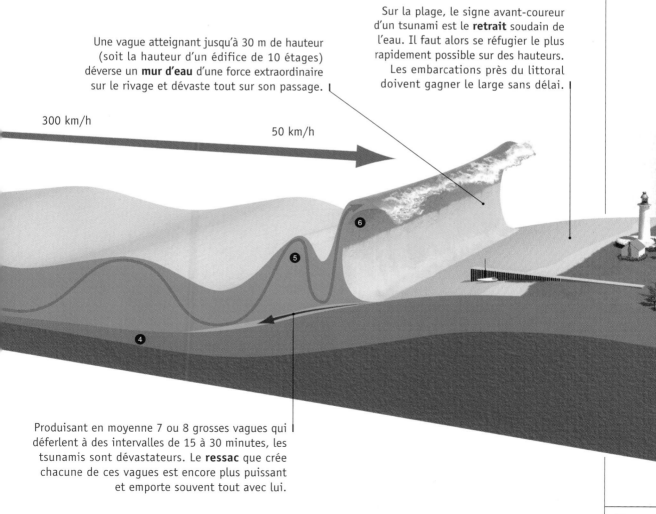

Une vague atteignant jusqu'à 30 m de hauteur (soit la hauteur d'un édifice de 10 étages) déverse un **mur d'eau** d'une force extraordinaire sur le rivage et dévaste tout sur son passage. |

Sur la plage, le signe avant-coureur d'un tsunami est le **retrait** soudain de l'eau. Il faut alors se réfugier le plus rapidement possible sur des hauteurs. Les embarcations près du littoral doivent gagner le large sans délai. |

300 km/h

50 km/h

Produisant en moyenne 7 ou 8 grosses vagues qui | déferlent à des intervalles de 15 à 30 minutes, les tsunamis sont dévastateurs. Le **ressac** que crée chacune de ces vagues est encore plus puissant et emporte souvent tout avec lui.

Les marées

La mer au rythme des astres

Tous les corps de l'Univers, quels qu'ils soient, s'attirent mutuellement avec une force qui dépend de leurs masses et de la distance qui les sépare. C'est cette loi fondamentale de la physique, appelée attraction gravitationnelle, qui explique que, deux fois par jour, les mers du globe se soulèvent et s'abaissent de plusieurs mètres. Le phénomène des marées est en effet la manifestation concrète de l'attraction qu'exercent la Lune et le Soleil sur la Terre.

Parce qu'elle est l'astre le plus proche de notre planète, la Lune joue le plus grand rôle dans les mouvements des marées, mais l'action du Soleil, dont la masse est considérable, n'est pas négligeable : on estime que sa force d'attraction sur l'eau des océans correspond à 46 % de celle de la Lune.

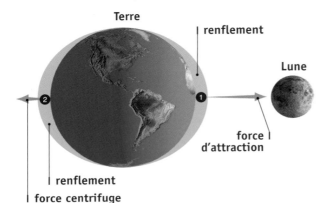

Terre — renflement — Lune — force d'attraction — renflement force centrifuge

LA FORCE D'ATTRACTION DE LA LUNE

Même si la Lune est située à 378 000 km de la Terre, elle exerce tout de même une force d'attraction suffisante pour déformer les océans. Lorsque le mouvement de rotation de la Terre place une masse d'eau face au satellite, l'eau se soulève en sa direction : ce renflement produit une marée haute ❶. Au même moment, l'eau qui se trouve de l'autre côté de la Terre subit une attraction lunaire nettement plus faible. Elle obéit alors à la force centrifuge créée par la rotation du système Terre-Lune et tend à s'échapper en formant un autre renflement, correspondant à une autre marée haute ❷. Si la Terre n'était pas constituée de matières rigides, elle se déformerait elle aussi sous l'action de ces deux forces et aurait la forme d'un œuf.

Les forces gravitationnelles ne sont pas seules à influer sur les marées : de nombreux facteurs liés à la géographie locale ont été recensés. Alors que les mers fermées ne ressentent presque pas le phénomène, la **baie de Fundy**, sur la côte atlantique du Canada, est l'endroit du monde qui enregistre les variations les plus marquées : le marnage (l'amplitude entre les marées basses et les marées hautes) y atteint 16 mètres.

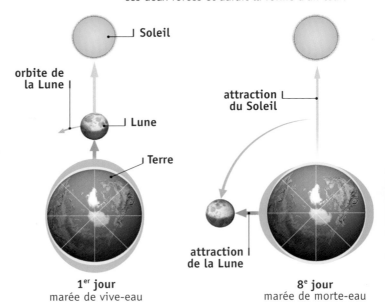

Soleil — orbite de la Lune — Lune — Terre — attraction du Soleil — attraction de la Lune

1er jour
marée de vive-eau
(nouvelle lune)

8e jour
marée de morte-eau
(premier quartier)

LES MARÉES AU QUOTIDIEN

À tout moment, il existe autour de la Terre deux régions de marées hautes, correspondant aux zones de renflement de part et d'autre du globe, séparées par deux régions de marées basses. Au cours d'une même journée, chaque point de l'océan mondial passe donc par ces quatre zones. Cependant, la durée de la rotation de la Terre par rapport à la Lune n'est pas de 24 heures mais de 24 heures et 50 minutes. Il faut donc compter environ 6 heures et 12 minutes entre une marée haute et une marée basse.

L'inclinaison de la Terre par rapport à l'écliptique (le plan de l'orbite terrestre), qui est de 23,5°, a aussi une incidence sur le niveau des marées hautes. Aux hautes latitudes, on observe une différence marquée entre la première marée haute de la journée, de faible importance ❶, et la seconde, qui survient 12 heures et 25 minutes plus tard et qui atteint un niveau beaucoup plus élevé ❷.

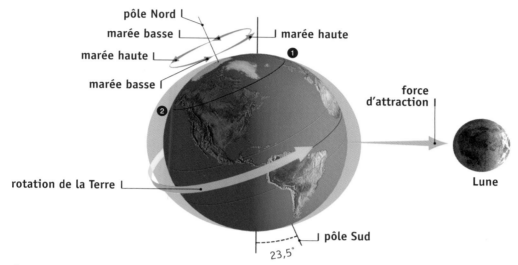

MARÉE DE VIVE-EAU, MARÉE DE MORTE-EAU

Moins considérable que celle de la Lune, la force d'attraction du Soleil joue tout de même un rôle important dans le phénomène des marées. Lorsque les trois astres sont alignés, c'est-à-dire les jours de pleine lune et de nouvelle lune, l'attraction gravitationnelle du Soleil et celle de la Lune se conjuguent pour produire des marées de grande amplitude, les marées de vive-eau.

À l'inverse, les influences du Soleil et de la Lune s'annulent partiellement pendant les périodes intermédiaires du cycle lunaire (premier quartier et dernier quartier), lorsque les deux astres exercent des forces perpendiculaires sur la Terre. Ces situations causent des marées de morte-eau, dont le marnage est faible.

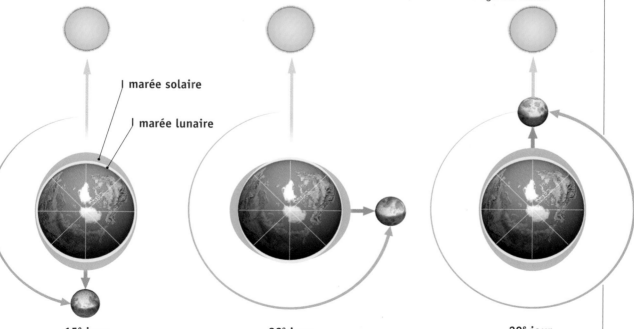

| 15ᵉ jour
marée de vive-eau
(pleine lune) | 22ᵉ jour
marée de morte-eau
(dernier quartier) | 29ᵉ jour
marée de vive-eau
(nouvelle lune) |

Alors que les montagnes sont le fruit de processus tectoniques de grande échelle, la métamorphose des paysages s'opère beaucoup plus discrètement, au fil des jours. Tout autour de nous, des vallées se creusent, des dunes s'accumulent, des rochers s'aplanissent, des grottes s'ouvrent. Transformée par le lent travail d'érosion de l'eau, du vent et du gel, la surface de la Terre évolue constamment, façonnant des paysages d'une étonnante diversité.

L'évolution des paysages

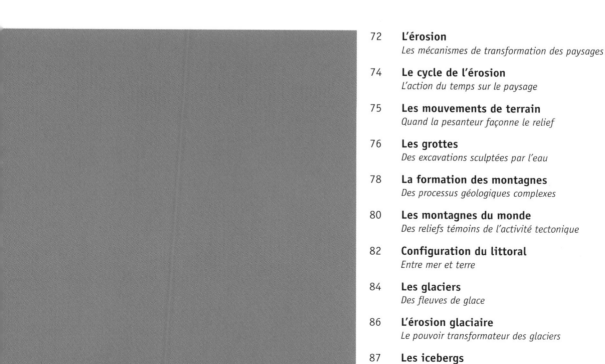

L'érosion

Les mécanismes de transformation des paysages

Les paysages en apparence immuables que nous observons tous les jours sont en réalité en perpétuelle évolution. Des phénomènes spectaculaires, comme les éruptions volcaniques ou les inondations, les bouleversent de manière parfois radicale, mais c'est l'érosion, pourtant bien plus discrète, qui constitue l'un des principaux mécanismes de transformation du relief terrestre.

Processus d'usure, de transformation et d'aplanissement, l'érosion est un cycle, qui commence avec l'ablation progressive des matériaux de surface et se poursuit avec le transport des particules dégagées jusqu'à ce que celles-ci s'accumulent sous la forme de sédiments.

DIFFÉRENTS TYPES D'ÉROSION

L'eau, sous toutes ses formes, le vent et le gel sont les principaux agents d'érosion : par des procédés chimiques ou mécaniques, ils altèrent profondément le paysage.

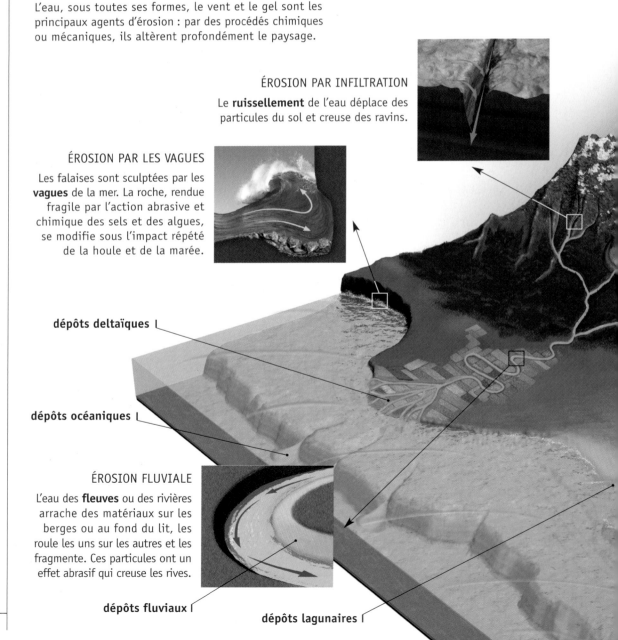

ÉROSION PAR INFILTRATION

Le **ruissellement** de l'eau déplace des particules du sol et creuse des ravins.

ÉROSION PAR LES VAGUES

Les falaises sont sculptées par les **vagues** de la mer. La roche, rendue fragile par l'action abrasive et chimique des sels et des algues, se modifie sous l'impact répété de la houle et de la marée.

dépôts deltaïques

dépôts océaniques

ÉROSION FLUVIALE

L'eau des **fleuves** ou des rivières arrache des matériaux sur les berges ou au fond du lit, les roule les uns sur les autres et les fragmente. Ces particules ont un effet abrasif qui creuse les rives.

dépôts fluviaux

dépôts lagunaires

UN EXEMPLE DE TRANSFORMATION DU PAYSAGE : LES MONOLITHES

Dans certaines régions, le vent projette avec violence des grains de sable sur des rochers et agit alors comme un abrasif. Au fil des millénaires, cette forme d'érosion modèle des monolithes aux formes curieuses, comme ceux de Monument Valley, dans l'Arizona.

ÉROSION GLACIAIRE

Les glaciers qui rabotent les pentes des hautes montagnes constituent une forme d'altération mécanique. Par gravité, une **langue glaciaire** s'étale vers le bas. Au cours de sa descente, cette masse de glace emporte des fragments de roches, des cailloux et du sable, creusant une vallée sur son passage.

GÉLIFRACTION

Le volume de l'eau augmente de 10 % environ lorsqu'elle gèle. Si cette transformation a lieu dans l'étroite fissure d'une roche, celle-ci subit une pression énorme qui peut la faire littéralement éclater. La gélifraction est courante dans les montagnes qui connaissent des alternances de **gel** et de dégel.

ÉROSION PLUVIALE

Chargée du gaz carbonique de l'atmosphère et parfois de dioxyde de soufre, l'**eau de pluie** altère chimiquement divers minéraux présents dans le sol, dont le calcaire. En surface et le long des fissures, la pierre s'érode.

ꓶ **dépôts morainiques**

ꓶ **dépôts par crues soudaines**

ÉROSION ÉOLIENNE

Le **vent** fait sa marque, particulièrement dans les plaines et les déserts. La terre ou les grains de sable exposés au vent sont graduellement emportés.

ꓶ **dunes**

Le cycle de l'érosion

L'action du temps sur le paysage

Le cycle de l'érosion se déroule à des rythmes variables mais qui sont néanmoins tous très lents à l'échelle humaine : une fissure dans un bloc de granite ne s'élargit généralement que de quelques millimètres en 1 000 ans. Les massifs montagneux, les régions semi-arides et celles où la surface du sol a été modifiée par l'activité humaine (coupe à blanc, constructions de routes et de villes, etc.) connaissent évidemment l'érosion la plus rapide. La plus lente est associée aux régions basses où les matériaux sont très résistants, comme le bouclier canadien.

L'ÉVOLUTION D'UN PAYSAGE

L'évolution du relief passe par plusieurs stades successifs. Il en est ainsi des paysages fluviaux, transformés par l'érosion des cours d'eau.

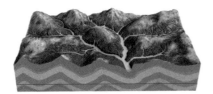

Lorsque le paysage est encore fortement accidenté, avec de hauts sommets et des pentes escarpées, l'érosion est très rapide. Les cours d'eau creusent de profondes vallées en V et emportent de nombreux débris rocheux.

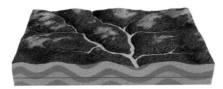

Sous l'action de l'érosion, le relief s'aplanit : les sommets s'arrondissent, les pentes s'adoucissent. Les cours d'eau transportent moins de débris et leur vitesse diminue.

Après plusieurs millions d'années d'érosion, le paysage prend la forme d'une pénéplaine : son relief n'est pratiquement plus marqué et il s'élève très peu au-dessus du niveau de base. Le processus d'érosion ralentit considérablement.

niveau de base

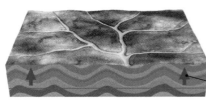

Des phénomènes géologiques ou tectoniques peuvent provoquer une soudaine élévation de terrain. Dans ce cas, la pénéplaine se retrouve beaucoup plus haut que le niveau de base.

élévation de terrain

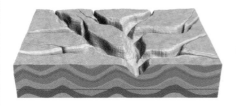

Le mouvement d'érosion peut alors recommencer : les cours d'eau creusent à nouveau de profondes vallées. Le paysage est rajeuni.

LE GRAND CANYON DU COLORADO

L'élévation du plateau du Colorado, en Arizona, a entraîné le creusement de profondes gorges. Afin de rejoindre à nouveau son niveau de base, le fleuve Colorado s'est enfoncé en élargissant son lit, entaillant des canyons qui atteignent 1,5 km de profondeur.

Les mouvements de terrain

Quand la pesanteur façonne le relief

Les mouvements de terrain concourent, de façon lente ou rapide et parfois même brutale, à l'évolution des paysages. Déclenchés par des changements climatiques importants (gel ou dégel, pluies torrentielles), par des travaux rompant l'équilibre des sols (déforestation, construction) ou encore par des séismes (tremblements de terre, éruptions volcaniques), ils représentent une forme particulière d'érosion, liée à la gravité terrestre. Selon l'inclinaison des pentes, la nature des sols et l'élément déclencheur, ces phénomènes aussi nommés « mouvements de masse » se manifestent sous différentes formes : coulées, reptation, chutes ou glissements.

LES COULÉES ET LA REPTATION

En imprégnant les matériaux d'un versant, l'eau et la neige diminuent la cohésion des particules de terre et de roche, les rendant facilement mobiles.

La **coulée de boue** compte parmi les mouvements de masse les plus fluides et les plus rapides. Elle survient surtout dans les régions arides ou semi-arides, lorsque des pluies torrentielles saturent rapidement les sols. Elle emprunte alors des ravines naturelles et se répand jusqu'au pied de la pente.

Une **coulée de terre** se produit lorsque la partie supérieure d'un terrain cède et descend en formant une langue de terre plus ou moins longue. Ce phénomène affecte particulièrement les sols argileux et schisteux des régions humides.

Phénomène imperceptible car très lent (quelques millimètres par an), la **reptation** laisse pourtant à long terme des marques décelables sur le paysage. Arbres incurvés, poteaux inclinés et murets affaissés signalent le déplacement de la partie supérieure du sol. L'alternance d'humidité et de sécheresse est la principale cause de la reptation.

LES CHUTES

Lorsqu'elles sont abruptes, les pentes sont sujettes à la chute libre de morceaux de terre ou de roches.

talus |

L'**éboulement** est une chute soudaine de pierres, désolidarisées par le gel ou par les racines des végétaux. Ce phénomène se rencontre surtout le long des canyons, des falaises ou des routes de montagnes. L'accumulation de pierres au pied des rochers forme un talus.

LES GLISSEMENTS

Les glissements entraînent les matériaux (terre ou roches) le long d'une ou de plusieurs surfaces.

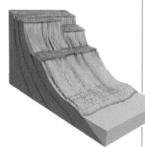

On parle de **glissement rotationnel** lorsqu'une portion de versant glisse le long d'une surface courbe ou concave. Ce phénomène, qui affecte les sols mal consolidés, peut être causé par l'érosion qui travaille la base d'une pente (rivière ou vagues) ou par l'ajout de poids (construction) qui fragilise l'ensemble et en menace l'équilibre.

Les grottes

On trouve des cavités souterraines un peu partout : dans les falaises qui surplombent la mer, dans la lave solidifiée et même dans les glaciers. Ce sont toutefois les roches poreuses, comme le calcaire et la dolomite, qui abritent les plus vastes réseaux de grottes. Ces excavations naturelles, qui s'allongent horizontalement (galeries) ou verticalement (avens, puits), sont le résultat du lent travail de l'eau sur la roche. Plusieurs dizaines de milliers d'années sont nécessaires pour que se forme une grotte de quelques mètres de diamètre et il faut près de 100 ans pour qu'une stalactite, masse de calcite qui pointe vers le sol, croisse de 5 centimètres !

FORMATION D'UNE GROTTE

1. En s'infiltrant dans la roche, l'eau de pluie naturellement acide dissout le calcaire et élargit lentement les fissures existantes.

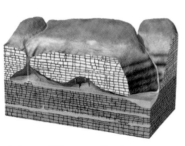

2. Lorsqu'elle a atteint la nappe phréatique, l'eau s'écoule à l'horizontale vers une issue naturelle et creuse des galeries, qui s'agrandissent peu à peu.

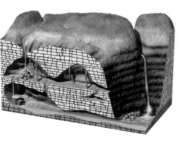

3. En continuant de creuser la roche, l'eau provoque l'abaissement progressif du niveau de la nappe phréatique et l'assèchement de la galerie supérieure, qu'on dit alors fossile.

Les **lapiaz** sont de grandes zones planes cannelées dues à l'érosion chimique du calcaire.

Des ouvertures abruptes appelées gouffres ou **avens** se forment à la surface lorsque la voûte d'une grotte s'effondre.

ancien niveau de la nappe phréatique

La calcite (carbonate de calcium) se dépose sous la forme de petits barrages en escalier qu'on appelle des **gours**.

Alimentée par l'eau de pluie infiltrée dans le sol, la **nappe phréatique** circule lentement dans la roche qu'elle imprègne.

puits

lac

L'évolution des paysages

DE TRÈS VASTES RÉSEAUX

Les grottes s'organisent en réseaux qui peuvent s'étendre sur de très grandes distances. Le plus vaste ensemble souterrain du monde, le Mammoth Cave, se trouve dans l'État américain du Kentucky ; il regroupe plus de 550 km de galeries.

Lorsque les stalactites et les stalagmites se rencontrent, elles forment des **colonnes**.

Les **stalactites** proviennent de la cristallisation de la calcite contenue dans les gouttes d'eau qui suintent du plafond de la grotte.

L'infiltration continue de l'eau dans la roche forme des dépressions en entonnoir, d'un diamètre de 30 à 100 m, les **dolines**.

Les **stalagmites** semblent pousser du sol. En fait, elles résultent de la cristallisation de la calcite des gouttes tombées de la voûte ou des stalactites.

Les **gorges** résultent souvent de l'effondrement des voûtes d'un réseau de grottes.

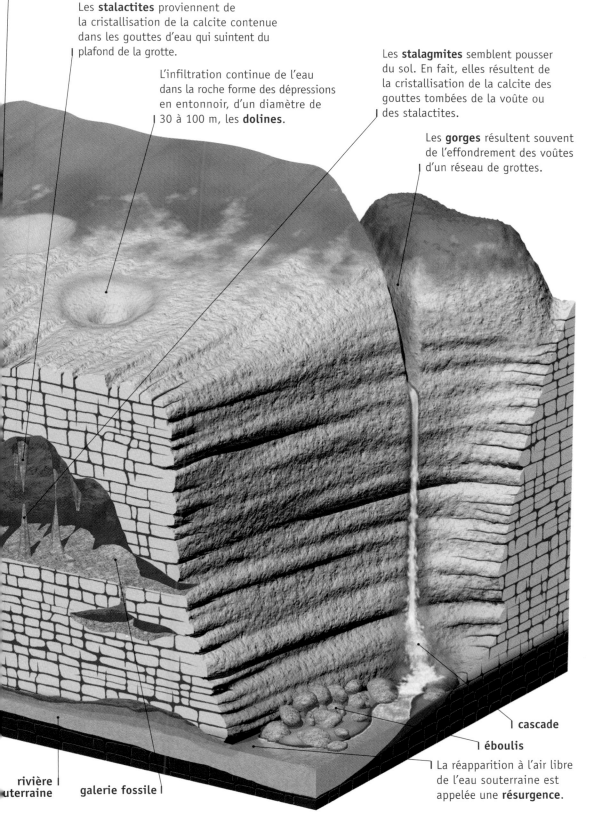

cascade

éboulis

La réapparition à l'air libre de l'eau souterraine est appelée une **résurgence**.

rivière
uterraine

galerie fossile

La formation des montagnes

Des processus géologiques complexes

Le soulèvement du relief, qu'on appelle surrection, est le fruit de processus complexes : une même chaîne de montagnes peut être constituée à la fois de roches métamorphiques, de lambeaux de croûte océanique et de roches volcaniques. Ces différents types de roches se trouvent généralement disposés en strates, qui ont été plissées, renversées ou même disloquées le long de failles.

La découverte de l'existence des plaques tectoniques a permis de faire de grands pas dans la compréhension de l'orogenèse (le processus de formation des montagnes). C'est en effet le mouvement des plaques océaniques et continentales qui a engendré la plupart des montagnes.

ENTRE OCÉAN ET CONTINENT

Lorsqu'une plaque océanique ❶ rencontre un continent ❷, elle s'enfonce ❸ sous la plaque continentale. Râpés par ce contact, les sédiments océaniques s'accumulent dans ce qu'on appelle un prisme d'accrétion ❹. À mesure que la plaque océanique s'enfonce, le volume du prisme d'accrétion augmente, si bien qu'il s'élève parfois bien au-dessus du niveau de la mer et forme des montagnes côtières ❺. Quant à la plaque continentale, soumise à des forces considérables, elle se plisse et se déforme en donnant naissance à des chaînes de montagnes de subduction ❻. Lorsque la plaque océanique parvient jusqu'au manteau, les roches qui la composent fondent et se transforment en magma ❼. Ces roches en fusion remontent parfois à la surface, où elles sont expulsées par des volcans ❽.

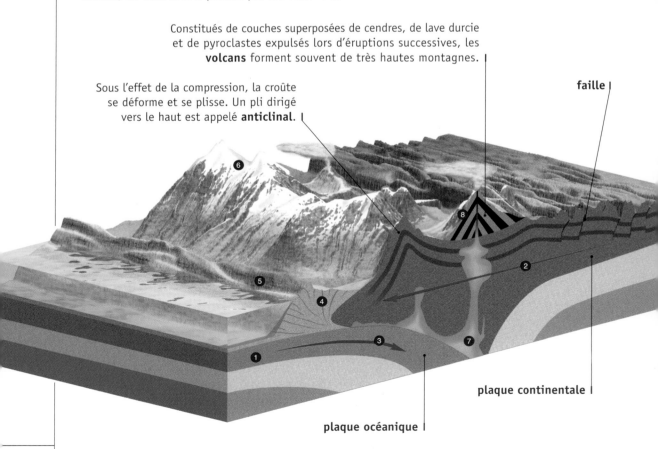

Constitués de couches superposées de cendres, de lave durcie et de pyroclastes expulsés lors d'éruptions successives, les **volcans** forment souvent de très hautes montagnes.

faille

Sous l'effet de la compression, la croûte se déforme et se plisse. Un pli dirigé vers le haut est appelé **anticlinal**.

plaque continentale

plaque océanique

LE CHOC DE DEUX CONTINENTS

La rencontre de deux plaques continentales cause un choc si important qu'il en résulte des bouleversements géologiques majeurs. C'est une collision de cette nature, survenue il y a 53 millions d'années, qui a provoqué la naissance de l'Himalaya, la plus haute chaîne de montagnes du monde. Lorsque deux plaques continentales ❶ entrent en contact, elles poursuivent leur rapprochement en se pressant l'une contre l'autre ❷ et en se chevauchant. Soulevées par ce mouvement, les roches se plissent et forment une chaîne de montagnes de collision ❸.

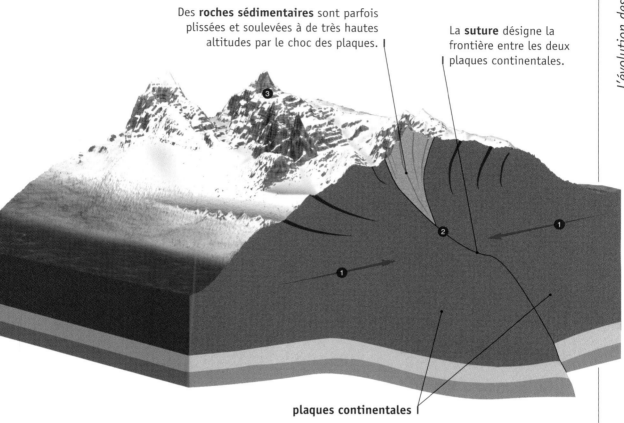

Des **roches sédimentaires** sont parfois plissées et soulevées à de très hautes altitudes par le choc des plaques.

La **suture** désigne la frontière entre les deux plaques continentales.

plaques continentales

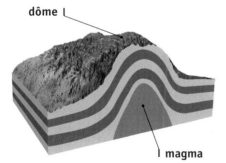

dôme

magma

LES MONTAGNES EN DÔME

Le magma qui remonte vers la surface terrestre s'accumule dans de gigantesques chambres magmatiques. Si la roche en fusion n'est pas expulsée par une éruption volcanique, elle soulève les couches rocheuses de surface et leur donne la forme de dômes.

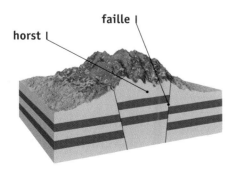

faille

horst

LES HORSTS MONTAGNEUX

Les tensions et les pressions qui s'exercent sur les plaques peuvent faire apparaître des failles, le long desquelles des blocs rocheux glissent et se déplacent. Les horsts sont des blocs qui ont été soulevés verticalement. Ils forment parfois de véritables montagnes.

Les montagnes du monde
Des reliefs témoins de l'activité tectonique

L'aspect d'une montagne dépend en grande partie de son âge. Façonnées par des chocs tectoniques récents, les chaînes de montagnes les plus jeunes de la planète (Alpes, Himalaya, Rocheuses, Andes, Caucase) ont un relief très marqué, avec des pentes abruptes et des sommets acérés. La plupart d'entre elles n'ont pas fini de s'élever, car les lents mouvements des plaques tectoniques continuent de déformer le relief. Les plus vieilles montagnes (Oural, Appalaches, Cordillère australienne, Drakensberg) présentent un aspect moins accidenté : elles ont été aplanies par l'érosion, qui a arraché des matériaux aux versants et les a déposés dans les creux.

LES MONTAGNES ANCIENNES

Nées il y a plus de 300 millions d'années, les **Appalaches** figurent parmi les plus vieilles montagnes du monde. Leur relief témoigne du lent travail d'érosion du gel, du vent et de l'eau, qui ont adouci les cimes et les versants.

Les **Rocheuses** ont été érigées par subduction le long de la côte occidentale de l'Amérique du Nord. Elles sont bordées par une chaîne côtière qui résulte du soulèvement du prisme d'accrétion sédimentaire.

La **Sierra Nevada** est une montagne à structure faillée constituée de horsts.

Les **Andes** constituent la plus longue chaîne de montagnes du monde : elles s'étendent du nord au sud sur près de 8 000 km. La partie méridionale (Chili, Argentine), qui comprend les plus hauts sommets de la chaîne, a été formée par subduction de la plaque pacifique sous le continent sud-américain.

TYPES DE MONTAGNES	
	montagnes anciennes
	montagnes jeunes

DES MONTAGNES EN ÉQUILIBRE

Plus une montagne est élevée, plus ses racines sont profondément ancrées dans le manteau terrestre ❶. Lorsqu'elle s'érode, sa masse diminue. À la manière d'un cargo dont la flottaison remonte lorsqu'il est libéré de sa charge, elle se soulève. Parallèlement, l'accumulation des dépôts sédimentaires autour de la montagne force la croûte à s'enfoncer dans le manteau ❷. Cet effet de compensation est appelé isostasie.

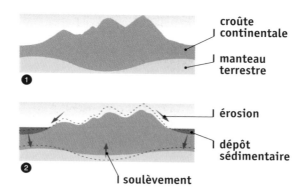

croûte continentale

manteau terrestre

❶

érosion

dépôt sédimentaire

❷

soulèvement

LES MONTAGNES JEUNES

Les hauts pics et les pentes escarpées des **Alpes** témoignent de la jeunesse de cette chaîne de montagnes. Son relief accidenté est le résultat d'une impressionnante surrection qui se serait produite il y a environ 50 millions d'années, lorsque la plaque eurasiatique est entrée en collision avec la plaque africaine.

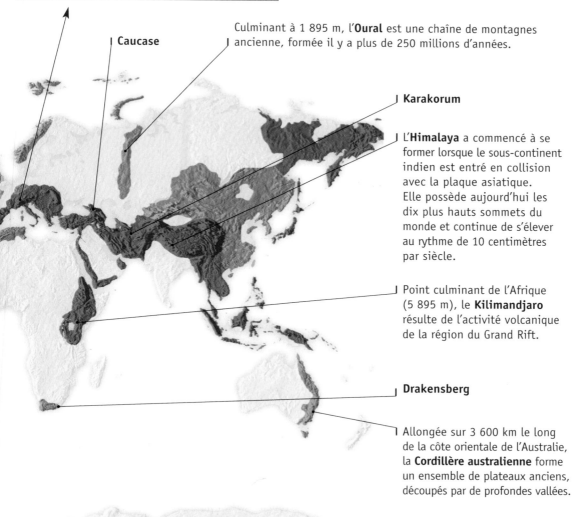

Caucase

Culminant à 1 895 m, l'**Oural** est une chaîne de montagnes ancienne, formée il y a plus de 250 millions d'années.

Karakorum

L'**Himalaya** a commencé à se former lorsque le sous-continent indien est entré en collision avec la plaque asiatique. Elle possède aujourd'hui les dix plus hauts sommets du monde et continue de s'élever au rythme de 10 centimètres par siècle.

Point culminant de l'Afrique (5 895 m), le **Kilimandjaro** résulte de l'activité volcanique de la région du Grand Rift.

Drakensberg

Allongée sur 3 600 km le long de la côte orientale de l'Australie, la **Cordillère australienne** forme un ensemble de plateaux anciens, découpés par de profondes vallées.

L'évolution des paysages

Configuration du littoral
Entre mer et terre

Le littoral désigne la zone côtière comprise entre la limite des marées basses et celle des marées hautes. Ce paysage en perpétuelle transformation subit l'action continue de la mer, des fleuves et du vent, et peut prendre des formes très variées selon la nature géologique de la côte.

On distingue deux types de côtes. Celles dites de submersion sont érodées par les vagues, qui frappent leurs parois rocheuses avec une force considérable (3 tonnes par mètre cube, et jusqu'à 50 tonnes lors des tempêtes). Les roches ainsi arrachées à la côte sont progressivement réduites en particules plus fines qui se déposent sur les côtes dites d'accumulation, où elles se mêlent aux sédiments fluviaux pour façonner un autre type de littoral.

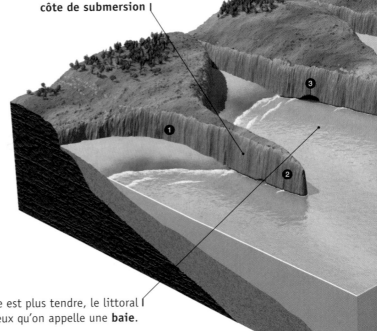

côte de submersion

DE LA FALAISE À L'ÉCUEIL

Selon le type des roches qui les composent, certaines parties de la côte sont érodées plus rapidement. Il en est ainsi des falaises ❶ qui pointent vers la mer en formant un cap ❷. L'eau creuse cette zone exposée et transforme une fissure en une grotte ❸. Lorsque deux grottes communiquent, de chaque côté du cap, elles créent une arche ❹. En s'effondrant, celle-ci laisse une aiguille ❺ qui se transforme ultérieurement en îlot ou en écueil ❻.

Là où la roche est plus tendre, le littoral affiche un creux qu'on appelle une **baie**.

DIFFÉRENTS TYPES DE CÔTES

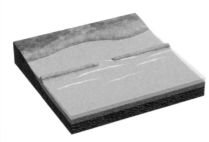

Le **récif-barrière** (ou île barrière) est une bande de sable qui s'allonge parallèlement à la côte, à une distance variant de quelques kilomètres à quelques dizaines de kilomètres. Derrière ce récif se forme un lagon.

Les **fjords** (mot qui signifie « longs bras de mer », en norvégien) sont des vallées qui ont été creusées autrefois par des glaciers puis envahies par les eaux. On les trouve en abondance sur la côte norvégienne.

Certaines côtes sont le résultat d'éruptions volcaniques. Le récif corallien ou **atoll**, qui se développe autour d'une île volcanique, présente la forme d'un anneau encerclant un lagon.

LA DÉRIVE LITTORALE

Les grains de sable et les galets qui se déposent sur la côte ne se fixent pas de façon définitive ; ils sont agités par les vagues ❶ qui les poussent sur le rivage obliquement ❷ puis les entraînent perpendiculairement lors du reflux ❸, avant de les ramener à nouveau de biais ❹. Ce déplacement en dents de scie, nommé dérive littorale, finit par imposer un mouvement aux sédiments dans une direction précise ❺.

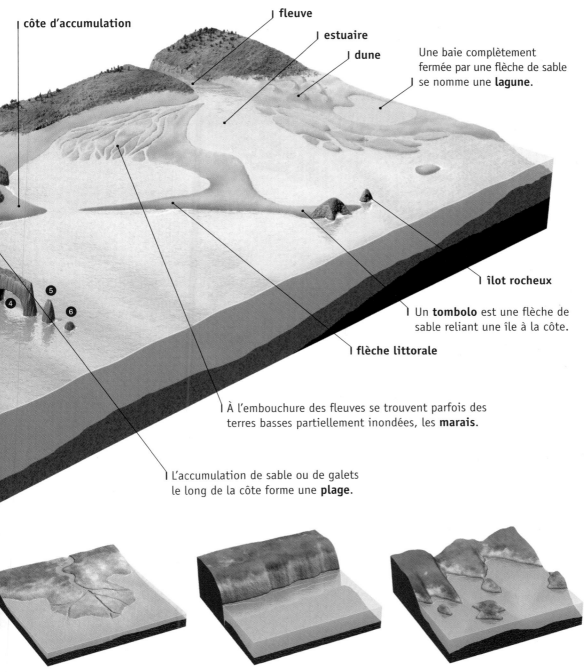

côte d'accumulation

fleuve

estuaire

dune

Une baie complètement fermée par une flèche de sable se nomme une **lagune**.

îlot rocheux

Un **tombolo** est une flèche de sable reliant une île à la côte.

flèche littorale

À l'embouchure des fleuves se trouvent parfois des terres basses partiellement inondées, les **marais**.

L'accumulation de sable ou de galets le long de la côte forme une **plage**.

Les **deltas** se forment à l'embouchure des fleuves. Ils résultent de l'accumulation et du dépôt de sédiments transportés par les cours d'eau.

Des accidents géologiques ont parfois modifié la côte en produisant des failles. C'est le cas des très hautes **falaises côtières** qui ont été découpées par des failles tectoniques.

Une vallée fluviale submergée à la suite d'une élévation de la mer ou de l'affaissement des terres forme un ensemble de criques ciselant la côte, qu'on appelle des **rias**.

Les glaciers

Des fleuves de glace

Toutes les régions de neiges éternelles, qu'elles soient situées près des pôles ou au sommet des hautes montagnes sous n'importe quelle latitude, possèdent des glaciers. En fait, ce sont près de 10 % des terres émergées (surtout en Antarctique et au Groenland) qui sont couvertes par ces masses de glace qui se déplacent sous l'action de leur propre poids. Longs de plusieurs kilomètres et épais de quelques dizaines de mètres, les glaciers de montagnes descendent les vallées à la vitesse de 100 à 200 m par an. Leur action d'érosion transforme profondément les paysages, créant des cirques, sculptant des vallées à fond plat et déposant des amas de roches.

En se détachant de la paroi rocheuse, le glacier laisse apparaître une profonde crevasse parallèle à la paroi, la **rimaye**.

Le glacier principal est souvent alimenté par des **glaciers tributaires**.

Une **moraine médiane** se forme à l'endroit où se rencontrent deux langues glaciaires.

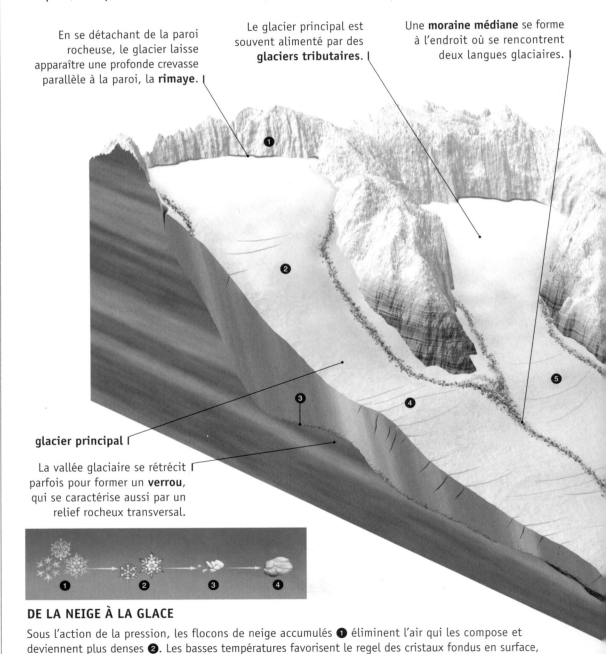

glacier principal

La vallée glaciaire se rétrécit parfois pour former un **verrou**, qui se caractérise aussi par un relief rocheux transversal.

DE LA NEIGE À LA GLACE

Sous l'action de la pression, les flocons de neige accumulés ❶ éliminent l'air qui les compose et deviennent plus denses ❷. Les basses températures favorisent le regel des cristaux fondus en surface, qui s'agglomèrent ❸ et finissent par se transformer en véritable glace ❹. Cette métamorphose prend plusieurs années (jusqu'à 3 500 ans dans l'Antarctique) pour se compléter.

UN ÉQUILIBRE ENTRE LES PRÉCIPITATIONS ET LA FONTE

Tous les glaciers se composent de deux zones successives : la zone d'alimentation, située en amont, et la zone d'ablation, en aval. La ligne d'équilibre, qui sépare les deux régions, est nettement visible à la fin de l'été, lorsque le haut du glacier est recouvert de neige blanche et fraîche, tandis que sa partie inférieure est constituée de glace et de vieille neige de couleur plus sombre. Dans les Alpes, cette ligne se situe à 3 000 m d'altitude, mais elle est beaucoup plus élevée dans l'Himalaya et dans les Andes.

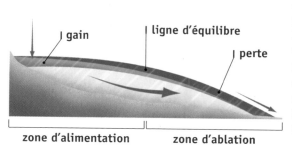

L'équilibre du glacier est acquis lorsque les gains de nouvelles neiges dans la zone d'alimentation compensent les pertes dans la zone d'ablation. Quand cet équilibre est rompu, on parle de retrait ou d'avancée du glacier.

L'ÉVOLUTION D'UN GLACIER DE VALLÉE

Un glacier naît dans un cirque glaciaire ❶, lorsque la neige accumulée, compactée et transformée en glace s'écoule ❷ le long du versant. Entraînée par la gravité, elle envahit la vallée. En descendant, le glacier érode le sol en lui arrachant des roches et des débris ❸, qu'il entraîne sous sa masse et qui accentuent l'abrasion. Ces frottements ralentissent la base du glacier, tandis que sa surface progresse plus rapidement et se déforme en créant des crevasses ❹. Au cours de sa descente, le glacier principal est souvent rejoint par des glaciers tributaires ❺. Parvenu à une altitude où la température est plus élevée, le front du glacier fond ❻ et libère des débris de roches qui se déposent en moraines ❼. L'eau de fonte ruisselle et s'accumule parfois en lacs ❽, là où la moraine a formé des barrages.

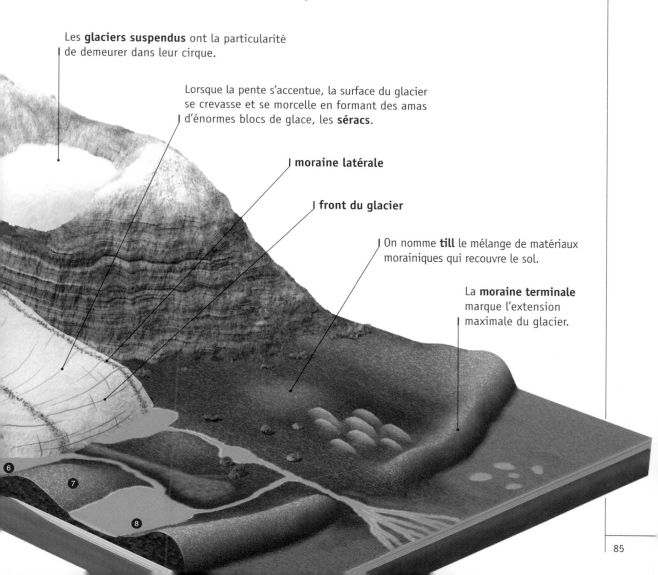

Les **glaciers suspendus** ont la particularité de demeurer dans leur cirque.

Lorsque la pente s'accentue, la surface du glacier se crevasse et se morcelle en formant des amas d'énormes blocs de glace, les **séracs**.

moraine latérale

front du glacier

On nomme **till** le mélange de matériaux morainiques qui recouvre le sol.

La **moraine terminale** marque l'extension maximale du glacier.

L'érosion glaciaire

Le pouvoir transformateur des glaciers

Les glaciers sont bien moins présents aujourd'hui qu'ils ne l'ont été il y a des milliers d'années. À certaines époques où le climat de la planète était nettement plus froid, c'est-à-dire durant les périodes glaciaires, ils occupaient de très vastes territoires. Lors de chacune des glaciations qu'a connues la Terre, le passage des glaciers a laissé une empreinte indélébile sur le paysage. Encore aujourd'hui, ces fleuves de glace façonnent les montagnes et creusent les vallées, engendrant de nouvelles formes de paysages.

N

S

LA TRANSFORMATION DU PAYSAGE PAR LE PASSAGE DES GLACIERS

AVANT
Le paysage comprend une vallée en V et des sommets aux formes arrondies.

Durant l'**âge glaciaire** du pléistocène, qui s'est achevé il y a environ 10 000 ans, les glaces s'étalaient sur presque 30 % de la surface de la Terre, couvrant près de la moitié de l'Europe et de l'Amérique du Nord.

PENDANT
Le glacier envahit la vallée et amasse une grande quantité de roches et de débris qui rabotent les côtés et le fond de la vallée.

APRÈS
Le paysage qui résulte du passage d'un glacier est considérablement transformé : le retrait du glacier laisse apparaître une vallée beaucoup plus large et une série de nouveaux éléments de relief.

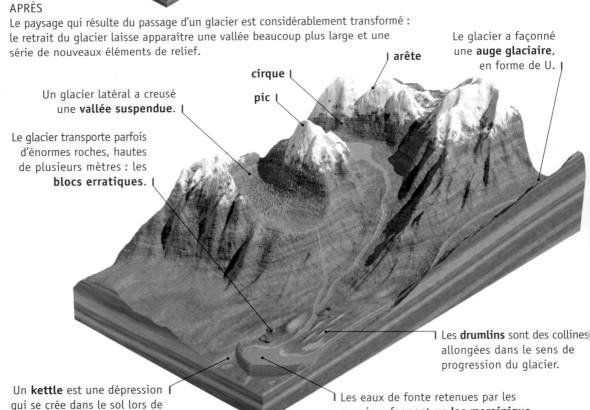

Le glacier a façonné une **auge glaciaire**, en forme de U.

arête

cirque

pic

Un glacier latéral a creusé une **vallée suspendue**.

Le glacier transporte parfois d'énormes roches, hautes de plusieurs mètres : les **blocs erratiques**.

Les **drumlins** sont des collines allongées dans le sens de progression du glacier.

Un **kettle** est une dépression qui se crée dans le sol lors de la fonte d'un bloc de glace.

Les eaux de fonte retenues par les moraines forment un **lac morainique.**

Les icebergs

Des glaciers à la dérive

Dans les régions froides, les glaciers parviennent jusqu'à la mer avant d'avoir fondu. La force des vagues et des marées fragmente alors les langues glaciaires en gigantesques blocs de glace flottants dont seule une faible partie émerge. Poussés par les vents et les grands courants océaniques, ces icebergs parcourent des milliers de kilomètres, dérivant parfois jusqu'aux tropiques avant de fondre dans l'océan sous l'action conjuguée des vagues, du sel et des rayonnements solaires.

LES INLANDSIS

On nomme inlandsis les vastes glaciers continentaux qui couvrent la presque totalité du Groenland et de l'Antarctique. Ces épaisses couches de glace se déplacent très lentement du centre des terres vers la périphérie, avant de se désagréger dans l'océan sous forme d'icebergs.

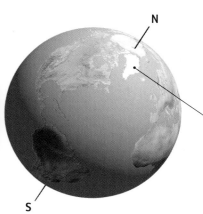

Épais de 1,5 km en moyenne, l'**inlandsis du Groenland** recouvre une surface de 1 700 000 km², soit 80 % de l'île. Chaque année, cette immense calotte glaciaire produit de 10 000 à 50 000 icebergs, d'une superficie moyenne de 1,6 km² et d'une hauteur de 300 m. Certains d'entre eux dérivent jusqu'aux eaux tropicales des Bermudes.

inlandsis du Groenland

inlandsis antarctique

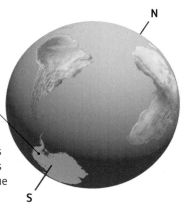

Couvrant 14 000 000 km² sur une épaisseur maximale de 4,3 km, l'**inlandsis de l'Antarctique** représente 91 % du volume mondial des glaces. Cette masse considérable écrase le continent jusqu'à plusieurs centaines de mètres sous le niveau de la mer. L'inlandsis livre chaque année à la mer près de 100 000 icebergs, qui sont généralement dix fois plus volumineux que ceux de l'Arctique.

DIVERSES FORMES D'ICEBERGS

Selon la forme de leur partie émergée, on donne différents noms aux icebergs. Les plus fréquents sont les icebergs tabulaires, de larges plaques qui se détachent en grand nombre de l'inlandsis antarctique.

iceberg tabulaire **iceberg en dôme** **iceberg érodé**

iceberg pointu **iceberg en bloc** **iceberg biseauté**

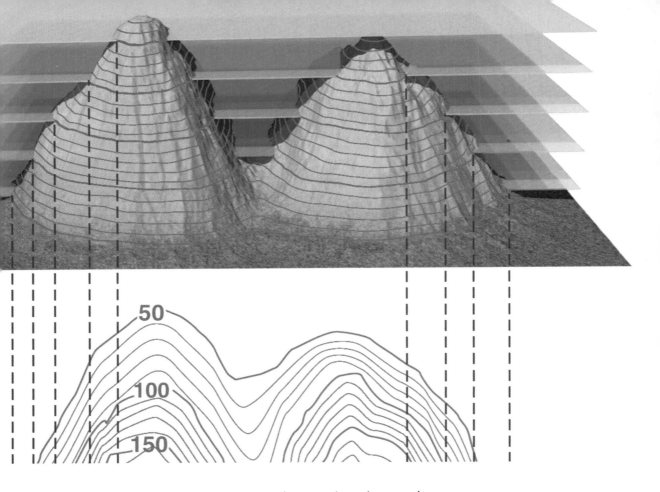

Consulter une carte du monde, se repérer grâce à un plan sont des gestes qui nous semblent naturels. La transcription de la réalité sur une feuille de papier pose pourtant plusieurs questions. Comment situer précisément un lieu ? Comment connaître la topographie d'une région inaccessible ? Comment représenter l'altitude d'une ville ? Les techniques modernes de télédétection et les systèmes de conventions graphiques permettent aujourd'hui à la cartographie de donner une image très précise de notre environnement, dans toute sa complexité physique et humaine.

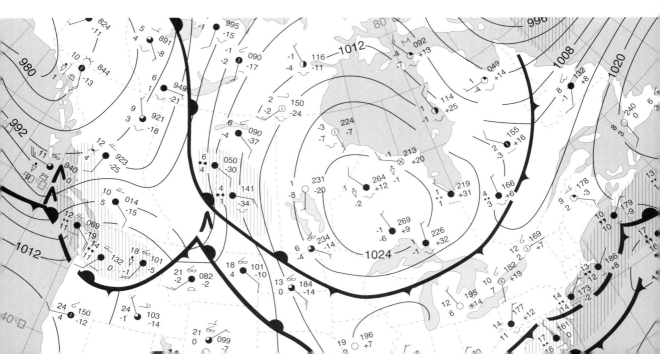

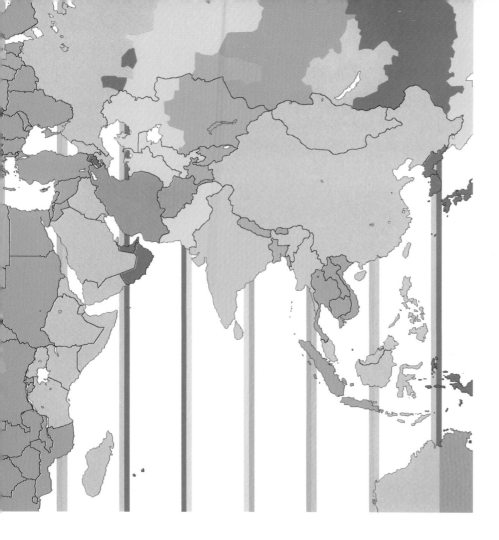

La représentation de la Terre

Les coordonnées terrestres

Comment se situer sur la Terre

Les géographes ont conçu un système de coordonnées sphériques qui permet de localiser tout point de la Terre grâce aux angles qu'il forme avec le plan de l'équateur (sa latitude) et avec un méridien origine, en général celui de Greenwich (sa longitude). La surface terrestre peut ainsi être imaginée quadrillée par des lignes est-ouest (les parallèles) et nord-sud (les méridiens).

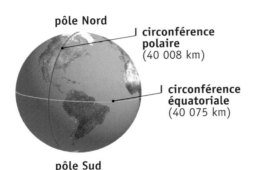

pôle Nord

circonférence polaire (40 008 km)

circonférence équatoriale (40 075 km)

pôle Sud

UNE PLANÈTE SPHÉRIQUE

Malgré un très léger aplatissement aux deux pôles, la Terre présente une forme quasi sphérique. Ses circonférences polaire et équatoriale sont donc pratiquement identiques.

Montréal
(45° 30' N et 73° 34' O)

méridien

LE NORD ET LE SUD

L'équateur, le parallèle situé exactement à mi-chemin des pôles, divise la Terre en deux parties : l'hémisphère Nord et l'hémisphère Sud.

Le **tropique du Cancer**, situé à 23° 26' de latitude Nord, est l'un des cinq parallèles fondamentaux. Le Soleil y est à son zénith le 21 juin, au solstice d'été.

HÉMISPHÈRE NORD

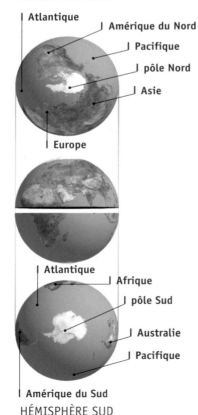

Atlantique

Amérique du Nord

Pacifique

pôle Nord

Asie

Europe

90° O   75° O   60° O

Lima
(12° 03' S et 77° 03' O)

Le **tropique du Capricorne** est situé à 23° 26' de latitude Sud. Au solstice d'hiver, le 21 décembre, le Soleil y est à son zénith.

L'EST ET L'OUEST

Le méridien origine, une ligne imaginaire passant à la latitude de Greenwich, en Angleterre, sépare également le globe en deux : l'hémisphère Est et l'hémisphère Ouest.

Atlantique

Afrique

pôle Sud

Australie

Pacifique

Amérique du Sud

HÉMISPHÈRE SUD

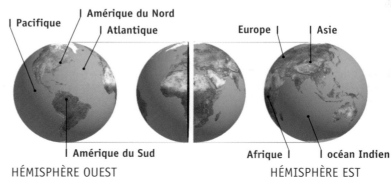

Pacifique

Amérique du Nord

Atlantique

Europe

Asie

Amérique du Sud

HÉMISPHÈRE OUEST

Afrique

océan Indien

HÉMISPHÈRE EST

LA PHOTOGRAPHIE AÉRIENNE

Le réseau de points géodésiques n'est qu'une trame de base, sur laquelle de nombreuses autres données doivent être ajoutées. Depuis le milieu du xxe siècle, le levé de ces éléments se fait essentiellement par photographie aérienne. À altitude, vitesse et direction constantes, un avion survole le territoire à cartographier et le photographie à intervalles réguliers, chaque photo couvrant une partie de la précédente. Le recouvrement de deux photos successives permet de visualiser la zone en trois dimensions à l'aide d'un stéréoscope et ainsi d'obtenir des indications sur son relief.

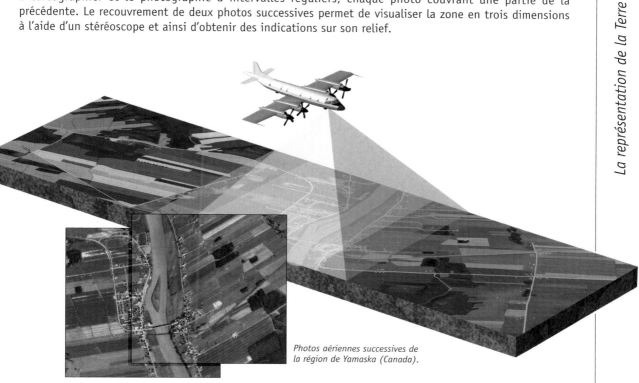

Photos aériennes successives de la région de Yamaska (Canada).

LA CARTE DE BASE

Un complètement, c'est-à-dire une étude complémentaire sur le terrain, permet d'obtenir des données que la photographie aérienne ne peut pas fournir : toponymie, types de routes, éléments cachés par la végétation... L'ensemble des informations obtenues est ensuite utilisé pour dresser une carte très précise du territoire, généralement au 1/20 000. Cette carte de base servira de référence pour réaliser toutes sortes de cartes dérivées.

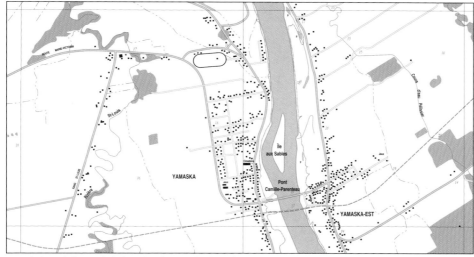

Carte de base (1/20 000) de la région de Yamaska (Canada).

Les conventions cartographiques

Les outils pour lire une carte

Pour représenter la réalité, le cartographe doit traduire les données recueillies en éléments graphiques compréhensibles. Cette opération complexe fait appel à des signes conventionnels, définis dans la légende de la carte, que le lecteur doit apprendre à décoder. Outre ces symboles graphiques (pictogrammes, couleurs, trames, typographie), les cartes obéissent à plusieurs autres conventions, comme les échelles, l'orientation et la généralisation des tracés.

LES ÉCHELLES

Les longueurs mesurées sur une carte sont proportionnelles aux distances réelles qu'elles représentent. Ce rapport constant constitue ce qu'on appelle l'échelle de la carte; il est exprimé soit par une fraction, soit graphiquement. Chaque échelle possède ses avantages : une carte à grande échelle montre plus de détails, alors qu'une petite échelle permet de représenter une plus grande surface.

Plus l'échelle de la carte est petite, plus les tracés qui y figurent doivent être simplifiés et sélectionnés. Cet ajustement est appelé la généralisation. À l'échelle 1/1 300 000, 1 cm sur la carte représente 13 km sur le terrain ❶. À l'échelle 1/400 000, 1 cm sur la carte représente 4 km sur le terrain ❷. À l'échelle 1/130 000, 1 cm sur la carte représente 1,3 km sur le terrain ❸.

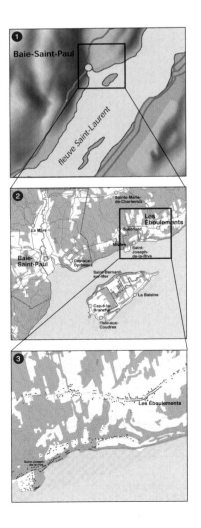

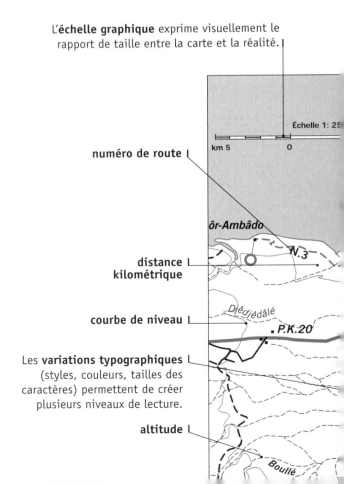

L'**échelle graphique** exprime visuellement le rapport de taille entre la carte et la réalité.

numéro de route

distance kilométrique

courbe de niveau

Les **variations typographiques** (styles, couleurs, tailles des caractères) permettent de créer plusieurs niveaux de lecture.

altitude

COMMENT LIRE UNE CARTE ?

Quelle que soit sa nature, une carte utilise différentes conventions graphiques pour exprimer la réalité. Les couleurs sont fréquemment employées pour représenter les altitudes, pour hiérarchiser certains éléments (comme les routes) ou pour différencier des zones adjacentes. La forme des symboles, évocatrice ou pas de la réalité qu'ils représentent, peut être très variée. Quant au texte, il transmet des indications toponymiques, susceptibles d'être reprises dans un index. Une hiérarchie peut être créée grâce aux variations typographiques, par exemple par l'utilisation des majuscules et des minuscules. Outre les indications de latitude et de longitude, on trouve parfois sur les cartes un quadrillage alphanumérique (c'est-à-dire composé de chiffres et de lettres) qui facilite le repérage.

La **légende** constitue le véritable mode d'emploi de la carte. Il s'agit d'un encadré qui fournit au lecteur la signification des différents symboles utilisés. Ceux-ci y sont généralement regroupés par thèmes : relief, routes, taille des villes, types de végétation, hydrographie...

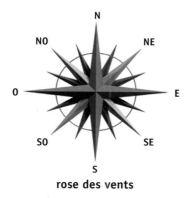

rose des vents

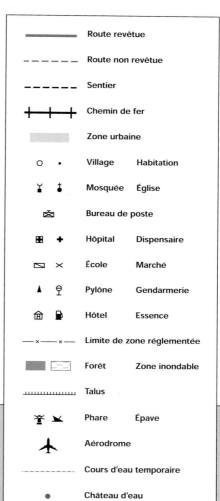

Bien que, par convention, le haut d'une carte soit presque toujours dirigé vers le nord, son orientation est souvent précisée, soit par une simple flèche indiquant le nord, soit par une **rose des vents** indiquant les quatre points cardinaux (nord, est, sud, ouest) ainsi que les directions intermédiaires (nord-est, sud-est, sud-ouest, nord-ouest).

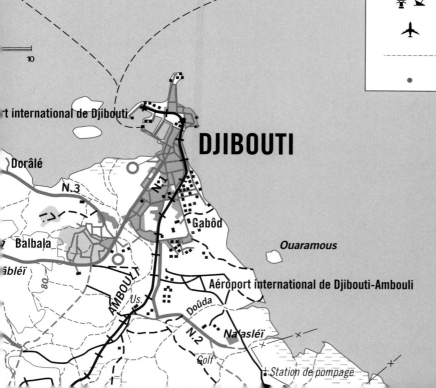

Les cartes physiques et topographiques

Donner l'illusion du relief

Les cartes physiques et topographiques ont pour objet de donner l'image la plus exacte possible de la surface terrestre (relief, cours d'eau, étendues aquatiques, routes, agglomérations...). Pour représenter le relief, elles utilisent différentes techniques : les courbes de niveau, une échelle de couleurs ou l'ombrage.

LES COURBES DE NIVEAU

Les courbes de niveau sont des lignes imaginaires reliant entre eux tous les points situés à la même altitude. Elles permettent de reconnaître facilement les différents types de reliefs : des lignes largement espacées correspondent à une surface presque plate, tandis que des lignes très rapprochées révèlent une pente abrupte. Il est ainsi possible de distinguer les collines, les falaises, les vallées, les plateaux, les plaines, etc.

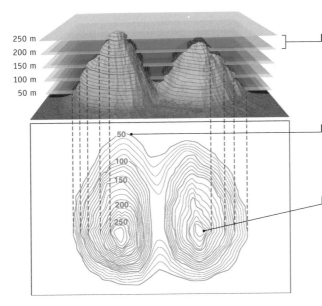

L'**équidistance** correspond à la différence d'altitude entre deux courbes de niveau successives. Elle est constante sur une carte donnée.

Afin de faciliter la lecture, l'altitude est indiquée le long de certaines courbes, appelées **courbes maîtresses**.

Les **courbes intermédiaires** situées entre les courbes maîtresses sont plus minces et ne sont pas cotées.

LA CARTE TOPOGRAPHIQUE

Conçue à grande échelle, la carte topographique ne couvre qu'une portion restreinte du territoire. Sa grande précision lui permet de représenter le relief du terrain à l'aide de courbes de niveau, ainsi qu'un grand nombre de détails naturels et humains : végétation, cours d'eau, éléments bâtis, routes, etc. Elle indique également les délimitations territoriales et le nom des lieux représentés.

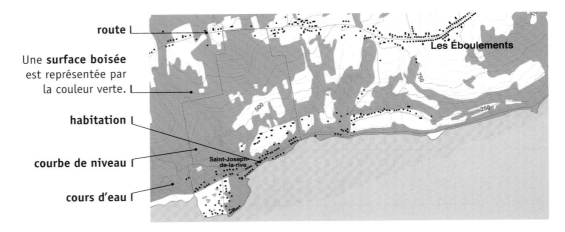

route

Une **surface boisée** est représentée par la couleur verte.

habitation

courbe de niveau

cours d'eau

LES ÉCHELLES DE COULEURS

Dans les cartes physiques à plus petite échelle, les courbes de niveau sont rarement employées. Elles sont remplacées par des plages de couleurs correspondant à des intervalles d'altitude. La signification des couleurs est donnée en légende.

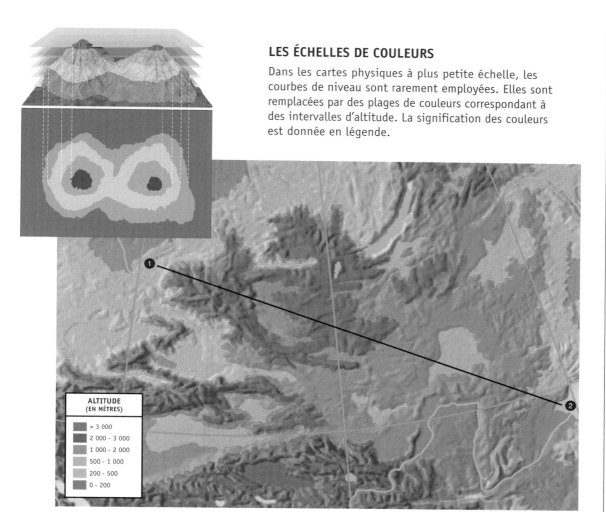

ALTITUDE
(EN MÈTRES)

- > 3 000
- 2 000 - 3 000
- 1 000 - 2 000
- 500 - 1 000
- 200 - 500
- 0 - 200

LE RELIEF EN PROFIL

La vue en coupe d'un terrain montre la variation de son relief le long d'une ligne droite tracée sur la carte.

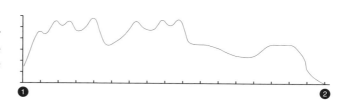

La **source lumineuse** n'est pas explicitement indiquée sur la carte : seule l'orientation des ombres permet de l'imaginer.

vallée

L'ESTOMPAGE

L'estompage est une technique graphique donnant l'illusion du relief. Il s'agit pour le cartographe de simuler les effets d'une source lumineuse sur le paysage en estompant (c'est-à-dire en ombrant légèrement) les versants à l'ombre. Ce procédé ne donne aucune indication sur l'altitude, mais il permet de distinguer facilement les régions montagneuses des plaines et des plateaux. Les vallées et les sommets sont également reconnaissables.

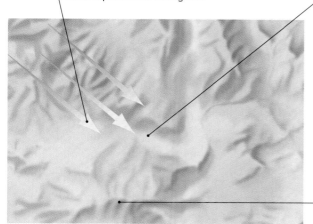

arête

Les cartes thématiques
Une multitude d'applications

La cartographie ne se limite pas à montrer les aspects physiques d'un territoire. Certaines cartes sont capables de représenter des phénomènes quantitatifs ou qualitatifs très variés, pour peu qu'ils puissent être localisés géographiquement. Ces cartes, dites thématiques, utilisent un fond de carte topographique, mais elles négligent la plupart de leurs détails pour faire ressortir un phénomène bien précis à l'aide d'un véritable langage graphique. Climat, démographie, ressources naturelles, économie et même phénomènes variables dans le temps : les cartes thématiques sont capables de traiter les sujets les plus variés.

LE LANGAGE GRAPHIQUE DES CARTES THÉMATIQUES

Plus encore que les cartes topographiques, les cartes thématiques utilisent un langage graphique structuré. Les symboles visuels employés pour localiser un phénomène traduisent d'abord son type d'implantation, qui peut être ponctuel (ville), linéaire (ligne ferroviaire) ou zonal (densité de population). Les variations de taille, de forme ou de couleur distinguent les différents signes graphiques selon des critères quantitatifs, qualitatifs et même hiérarchiques.

La **taille** des symboles peut varier pour exprimer des quantités différentes.

La variation des **formes** permet de distinguer les différents éléments de la carte.

Les teintes progressives de **couleurs** créent une hiérarchie.

Le **fond** d'une carte thématique est une carte topographique dont on a éliminé la plupart des détails pour ne conserver que les traits principaux.

Une carte thématique qui fait apparaître des liens entre plusieurs phénomènes est une **carte synthétique.**

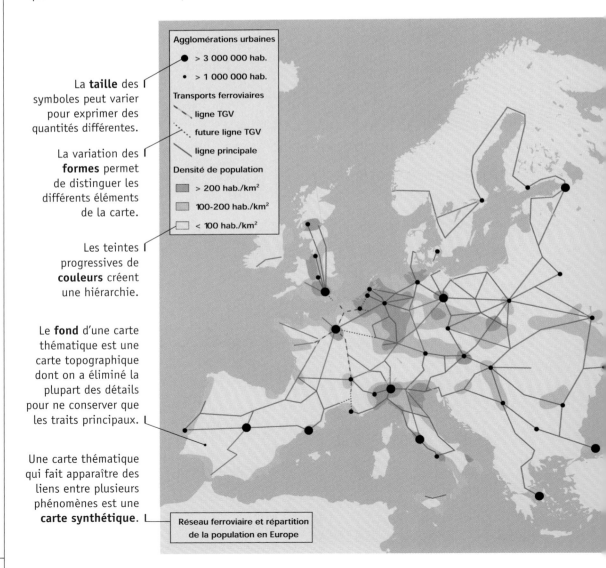

Agglomérations urbaines
- ● > 3 000 000 hab.
- • > 1 000 000 hab.

Transports ferroviaires
- ligne TGV
- future ligne TGV
- ligne principale

Densité de population
- > 200 hab./km²
- 100-200 hab./km²
- < 100 hab./km²

Réseau ferroviaire et répartition de la population en Europe

L'HISTOIRE PAR LES CARTES

Contrairement aux cartes topographiques, qui présentent la situation d'un territoire à un moment donné, les cartes thématiques peuvent exprimer l'évolution dans le temps d'un phénomène grâce à différentes techniques cartographiques.

La carte ❶ emploie une gamme de couleurs pour représenter la croissance de l'Union européenne au fur et à mesure des adhésions successives. La gradation des couleurs (dont chacune correspond à une date) donne une indication visuelle de la progression temporelle.

Dans la carte ❷, qui montre les déplacements des Tsiganes en Europe, l'évolution dans le temps est représentée par une série de flèches reliant les lieux où ce peuple nomade s'est successivement implanté. La date de la première arrivée des Tsiganes dans une ville est indiquée directement sur la carte, à côté du nom de la ville.

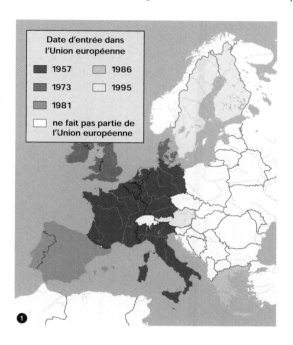

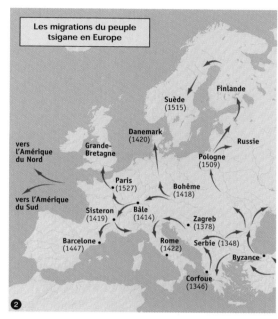

LES CARTES MÉTÉOROLOGIQUES

Les météorologues ont mis au point un système complexe de signes et de conventions graphiques, qui leur permet de représenter avec beaucoup de précision l'état atmosphérique d'une région à un moment donné. Les cartes météo ne comportent généralement pas de légendes, car ce système est codifié internationalement de manière très stricte.

Les **fronts atmosphériques** sont matérialisés par des lignes plus épaisses.

Les **isobares** sont des lignes qui joignent tous les points de même pression atmosphérique.

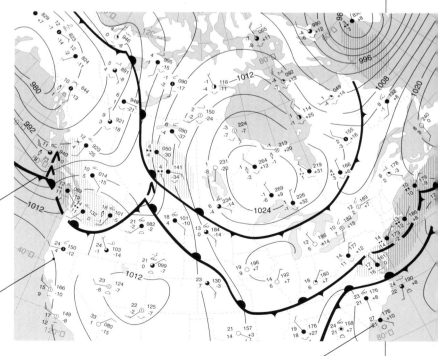

Des **symboles** indiquent le type de précipitations, ainsi que la force et la direction du vent dans chaque station météorologique.

La télédétection

Observer la Terre d'en haut

La plupart des structures et des phénomènes géologiques s'étendent sur des surfaces considérables, ce qui les rend impossibles à observer à l'échelle humaine. La télédétection, c'est-à-dire l'acquisition à distance de renseignements, fait appel à différentes techniques d'imagerie (photographie, radar, sonar) qui permettent de s'éloigner de la planète pour mieux l'examiner. Ces données ont des applications dans un grand nombre de domaines, de la cartographie à l'agriculture.

LA PHOTOGRAPHIE AÉRIENNE

La photographie, qui capte les longueurs d'ondes dans le spectre du visible, constitue le système de télédétection le plus simple et le plus ancien. Les premières photos aériennes ont été prises à partir d'un ballon par le Français Félix Nadar en 1858.

L'ÉCHO AU SERVICE DE LA TÉLÉDÉTECTION

Les radars et les sonars sont des instruments de télédétection qui utilisent le principe de l'écho pour détecter des masses à distance. Dans les deux cas, il s'agit d'émettre des ondes dans une certaine fréquence, puis de capter et d'analyser la partie du rayonnement que l'objet réfléchit pour déterminer sa distance et sa position. Les données reçues sont utilisées pour produire automatiquement une image de la zone observée.

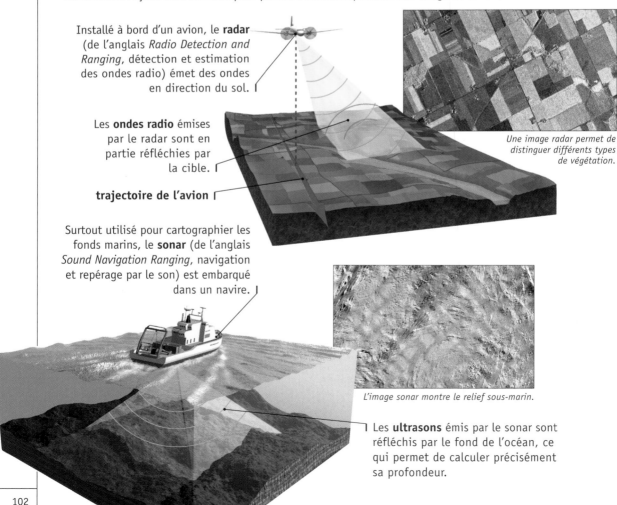

Installé à bord d'un avion, le **radar** (de l'anglais *Radio Detection and Ranging*, détection et estimation des ondes radio) émet des ondes en direction du sol.

Les **ondes radio** émises par le radar sont en partie réfléchies par la cible.

trajectoire de l'avion

Surtout utilisé pour cartographier les fonds marins, le **sonar** (de l'anglais *Sound Navigation Ranging*, navigation et repérage par le son) est embarqué dans un navire.

Une image radar permet de distinguer différents types de végétation.

L'image sonar montre le relief sous-marin.

Les **ultrasons** émis par le sonar sont réfléchis par le fond de l'océan, ce qui permet de calculer précisément sa profondeur.

CAPTEURS PASSIFS ET ACTIFS

Les satellites qui observent la surface terrestre utilisent eux aussi la technique du radar. Dans le processus classique de télédétection, c'est le rayonnement ❶ naturel du Soleil, partiellement réfléchi ❷ par la plupart des surfaces, qui est recueilli par un capteur dit passif ❸. Mais les conditions atmosphériques empêchent parfois l'illumination de la cible par le Soleil. On utilise alors un capteur actif ❹, capable d'émettre des rayonnements électromagnétiques ❺ dans différentes fréquences et d'en recevoir la partie réfléchie ❻ par le sol. Dans les deux cas, le capteur communique ❼ ces données brutes à une station terrestre ❽, qui en fait l'analyse et l'interprétation.

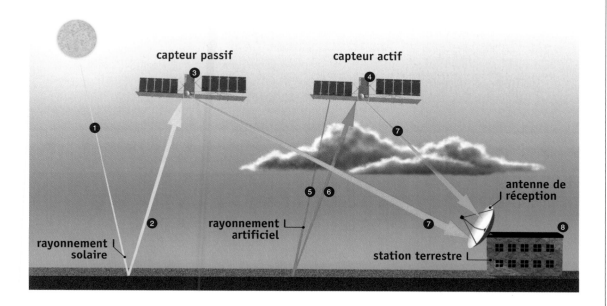

LA SIGNATURE SPECTRALE

Chaque objet émet et réfléchit des radiations électromagnétiques selon ses propriétés physiques. En mesurant ce rayonnement, on détermine la réflectance de l'objet, c'est-à-dire le rapport entre les radiations qu'il a reçues et celles qu'il a réfléchies dans une longueur d'onde donnée. Le comportement spectral d'un objet équivaut à une véritable signature.

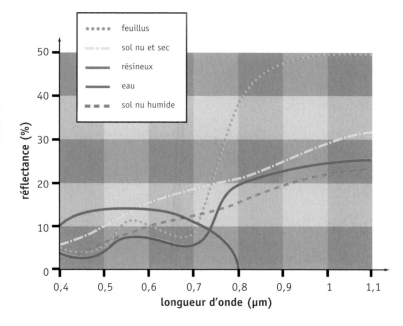

DIFFÉRENCIER LES SURFACES

La signature spectrale des objets est parfois la seule manière de les distinguer lorsqu'on les observe de l'espace. Alors qu'une végétation saine captée dans le spectre infrarouge apparaît en bleu, des arbres malades présentent une couleur rouge.

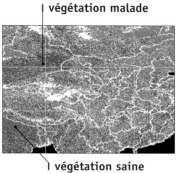

Satellites et navettes
Des yeux dans l'espace

Jusqu'à une époque récente, on ne possédait pas de cartes très détaillées de l'ensemble de la planète, certaines régions étant difficiles d'accès et les conditions climatiques pouvant entraver le travail des avions chargés de photographier le sol. L'utilisation des radars par les satellites de télédétection permet désormais de dresser la cartographie précise et complète de la surface terrestre.

Une observation avec **faisceau standard ❶** montre les grandes formations géologiques de l'île de Maui, dans l'archipel d'Hawaii.

Un **faisceau à haute résolution ❷** fait apparaître les pistes de l'aéroport de l'île.

RADARSAT SCRUTE LA TERRE

Lancé en 1995, le satellite canadien *Radarsat 1* surveille les changements environnementaux et l'utilisation des ressources terrestres. Puisqu'il décrit une orbite polaire et que la planète tourne vers l'est, chaque passage de *Radarsat* est décalé vers l'ouest par rapport au précédent. Cela lui permet de couvrir la totalité de la surface terrestre.

Capable de recueillir des images de la Terre de jour comme de nuit et dans toutes les conditions climatiques, son puissant radar à synthèse d'ouverture (RSO) peut diriger plusieurs types de faisceaux différents dans un couloir large de 500 km, à des résolutions variant entre 8 m et 100 m et sous des angles d'incidence de 20° à 49°.

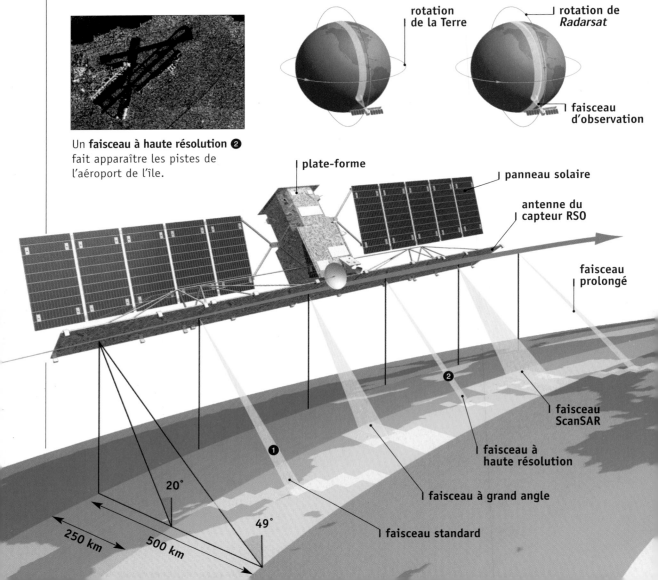

rotation de la Terre

rotation de *Radarsat*

faisceau d'observation

plate-forme

panneau solaire

antenne du capteur RSO

faisceau prolongé

❷

❶

faisceau ScanSAR

faisceau à haute résolution

faisceau à grand angle

faisceau standard

20°

49°

250 km

500 km

LA MISSION SRTM

En février 2000, la NASA a réalisé la plus ambitieuse mission de cartographie de la Terre, nommée SRTM (Shuttle Radar Topography Mission). Installé à bord de la navette spatiale *Endeavour*, le système SRTM a observé toutes les terres émergées situées entre le 60e parallèle Nord et le 56e parallèle Sud, là où vit 95 % de la population mondiale. L'ensemble des images prises par le SRTM pendant les dix jours de son voyage constitue la carte topographique terrestre la plus complète et la plus précise.

COMMENT LE SRTM CARTOGRAPHIE LA TERRE

L'antenne principale du SRTM émet des ondes radar dans les bandes C (de 3,9 à 6,2 GHz) et X (de 5,2 à 10,9 GHz) vers la zone à cartographier. Celle-ci réfléchit les radiations, avec une intensité qui dépend de la nature de sa surface et de son relief. La combinaison numérique des signaux captés par les deux antennes (principale et externe) du SRTM permet de générer une image tridimensionnelle de la zone observée.

Avec une longueur de 60 m, le **mât** du SRTM est la structure rigide la plus longue jamais déployée en orbite hormis le déploiement de la Station spatiale internationale.

antenne externe

Les rayons de la **bande C** couvrent une fauchée (un couloir) de 225 km.

Limités à 50 km, les rayons de la **bande X** fournissent des images de plus haute résolution.

L'**antenne principale** émet 1 500 impulsions par seconde vers la surface de la Terre.

LES APPLICATIONS

Les scientifiques utiliseront les données du SRTM pour mener des études géologiques, hydrologiques et géophysiques. Les applications civiles vont de l'aménagement du territoire à l'installation des réseaux de téléphonie cellulaire. Quant aux militaires américains, ils se serviront de ces cartes topographiques extrêmement précises pour l'entraînement de leur personnel, la planification logistique et le guidage de leurs missiles.

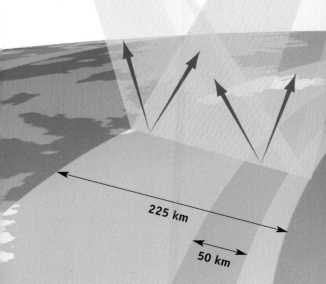

225 km

50 km

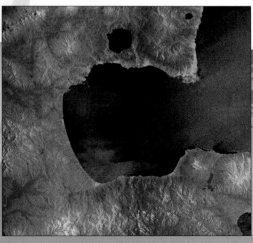

L'île d'Hokkaido, au Japon. L'altitude est représentée par des couleurs différentes, du bleu pour les plus basses jusqu'au blanc pour les plus élevées.

Les fuseaux horaires

Le monde en 24 heures

L'heure solaire, qui dépend de la position du Soleil dans le ciel, est différente sous chaque méridien terrestre; elle ne peut donc pas servir de référence commune. Le développement des transports et des communications au XIXᵉ siècle a amené les différents pays à instaurer un système international de mesure du temps qui permet d'établir facilement l'heure de n'importe quel point de la planète. Depuis 1883, la surface terrestre est ainsi divisée en 24 fuseaux horaires, des zones imaginaires réparties uniformément autour du globe. Chacune de ces zones possède une heure légale unique, déterminée en fonction de celle du fuseau horaire de Greenwich, en Angleterre.

Pour des raisons pratiques, les fuseaux horaires respectent souvent le découpage politique des États. Au **Canada**, ils suivent généralement la division des provinces.

Le territoire continental des **États-Unis**, qui s'étend sur 60°, occupe quatre fuseaux horaires : ceux de l'Est, du Centre, des Rocheuses et du Pacifique.

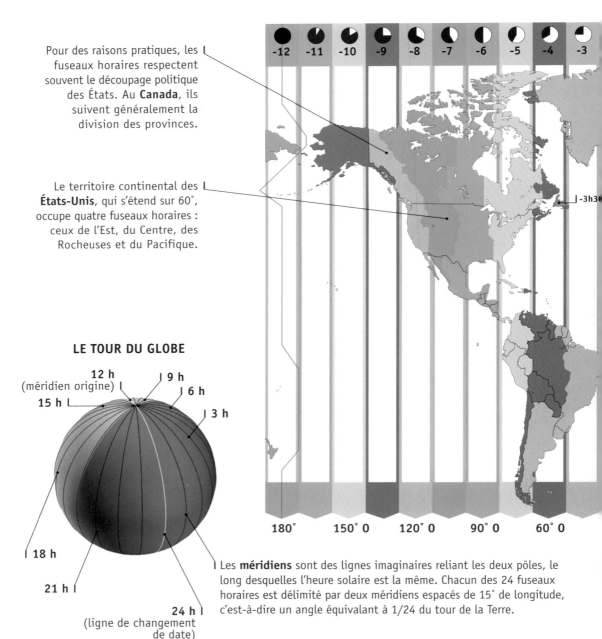

LE TOUR DU GLOBE

12 h (méridien origine)
9 h
6 h
15 h
3 h
18 h
21 h
24 h (ligne de changement de date)

Les **méridiens** sont des lignes imaginaires reliant les deux pôles, le long desquelles l'heure solaire est la même. Chacun des 24 fuseaux horaires est délimité par deux méridiens espacés de 15° de longitude, c'est-à-dire un angle équivalant à 1/24 du tour de la Terre.

L'HEURE DE GREENWICH

La suprématie de la Grande-Bretagne au XIXe siècle a déterminé le choix du méridien de Greenwich, lieu d'un ancien observatoire (photo ci-contre) comme référence horaire universelle. L'heure civile de Greenwich, nommée Temps universel (TU), sert de repère à l'ensemble de la planète. Pour obtenir l'heure légale d'un lieu, on ajoute ou on retranche au TU un nombre d'heures équivalant au nombre de fuseaux qui le séparent de Greenwich.

Le méridien de Greenwich est appelé **méridien origine** car il sert conventionnellement de référence au découpage longitudinal de la planète.

Le territoire de la **fédération de Russie** est divisé en dix fuseaux horaires.

| 0 | +1 | +2 | +3 | +4 | +5 | +6 | +7 | +8 | +9 | +10 | +11 | +12 |

+3h30 +4h30 +5h45

+5h30

+6h30

+9h30

La **Chine** ne comprend qu'un seul fuseau horaire, même si son territoire s'étend sur quelque 60° de longitude.

0°   30° E   60° E   90° E   120° E   150° E   180°

Certains pays, comme l'**Inde**, ont choisi une heure légale décalée d'une demi-heure par rapport aux fuseaux horaires voisins.

La **ligne de changement de date** est située dans l'océan Pacifique, à la longitude 180°, c'est-à-dire aux antipodes du méridien de Greenwich. En traversant cette limite, on avance ou on recule la date d'un jour selon que l'on se dirige vers l'est ou vers l'ouest. La ligne dévie parfois pour éviter que des pays ou des groupes d'îles ne soient partagés entre deux dates différentes.

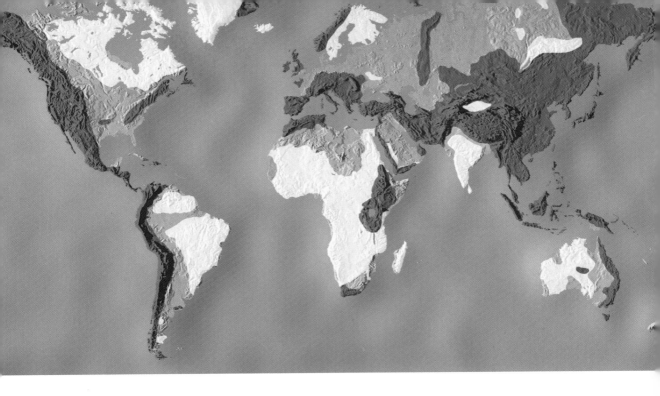

Contrairement aux innombrables îles de taille inférieure, qui doivent souvent leur existence à des phénomènes

volcaniques locaux, les sept continents sont liés à de vastes ensembles tectoniques, les plaques continentales.

De la cordillère des Andes au désert du Sahara, de la Grande Barrière de corail au fleuve

Jaune, d'une banquise antarctique au cratère du Vésuve, toute la diversité du globe et

de ses reliefs nous est donnée à voir dans cette section...

Les continents

La configuration des continents

Les terres émergées de la planète

Les continents sont de vastes étendues de terre entourées d'eau représentant environ le tiers de la surface du globe. Les principales caractéristiques de chacun (superficie, relief, mers intérieures, etc.) varient grandement. Leurs frontières exactes diffèrent aussi. Généralement, les géographes considèrent seulement la portion émergée des terres alors que les géologues prennent en considération les rebords des plateaux continentaux situés sous l'eau et se terminant par une pente escarpée au-delà de laquelle commence le bassin océanique.

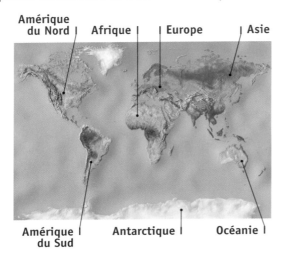

Amérique du Nord | **Afrique** | **Europe** | **Asie**

Amérique du Sud | **Antarctique** | **Océanie**

LES SEPT CONTINENTS

On divise aujourd'hui le monde en sept continents : l'Europe, l'Asie, l'Afrique, l'Amérique du Nord, l'Amérique du Sud, l'Océanie et l'Antarctique. Des raisons historiques et ethnologiques ont amené les géographes à séparer l'Europe et l'Asie, qui forment en réalité un seul et même continent (l'Eurasie). De même, on a parfois adjoint de façon arbitraire des îles avoisinantes à certains continents.

LA STRUCTURE DES CONTINENTS

Au fil du temps, de nombreux éléments (tectonique des plaques, volcanisme, érosion, sédimentation, etc.) ont transformé le relief de la Terre et des continents. Malgré leurs différences, les continents possèdent tous une structure semblable avec des parties anciennes (plus stables) et des parties jeunes (plus actives). Leur assise consiste en un socle formé de roches datant de l'époque précambrienne autour duquel se trouvent des bassins sédimentaires et des chaînes de montagnes anciennes (aux formes arrondies, situées près du bouclier) ou récentes (aux formes abruptes, près des côtes).

Le **bouclier** (ou socle) comporte les structures géologiques les plus anciennes et se situe généralement à l'intérieur des continents.

Les **bassins sédimentaires** se situent dans des zones limitrophes qui accusent une dépression où se sont accumulés des sédiments.

Des **chaînes de montagnes** entourent le système continental et se trouvent à proximité du bouclier ou en bordure des côtes.

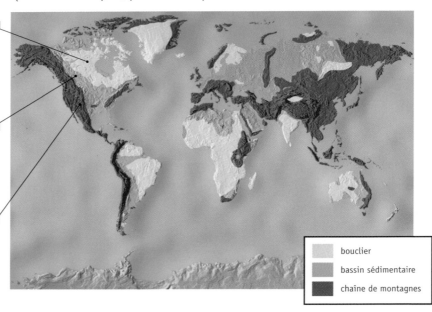

bouclier

bassin sédimentaire

chaîne de montagnes

L'Antarctique

Aux confins de la Terre

Seul continent inhabité, l'Antarctique est pourtant plus vaste que l'Europe ou l'Australie. D'une superficie totale de 14 200 000 km², il est recouvert à 98 % d'une calotte glaciaire qui atteint plus de 4 000 mètres d'épaisseur par endroits. Cette couche de glace, qu'on appelle un inlandsis, renferme 90 % des réserves d'eau douce du globe (30 millions de km³). Les quelques affleurements rocheux qui en émergent constituent les seuls espaces libres de glace.

L'ANTARCTIQUE EN CHIFFRES	
superficie totale	14 200 000 km²
point le plus élevé	mont Vinson 5 140 m

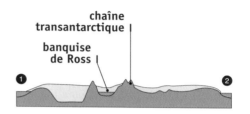

L'**Antarctique occidental**, constitué surtout de bassins sédimentaires, est en majeure partie situé sous le niveau de la mer, formant de nombreuses îles bordières que la glace soude les unes aux autres. Dominé par quelques chaînes de montagnes, il est beaucoup moins étendu que l'Antarctique oriental et forme en quelque sorte une péninsule.

L'**Antarctique oriental**, qui forme le socle du continent, est la partie la plus ancienne et la plus étendue.

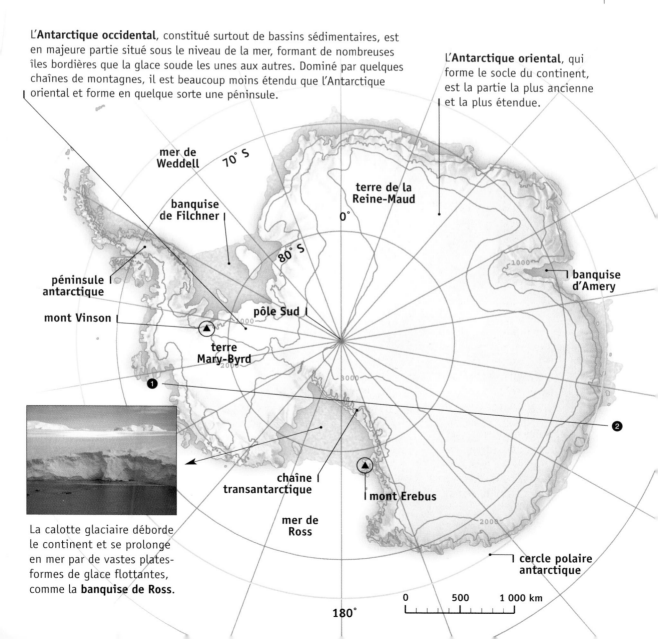

La calotte glaciaire déborde le continent et se prolonge en mer par de vastes plates-formes de glace flottantes, comme la **banquise de Ross**.

L'Amérique du Nord

Le continent des grands espaces

L'Amérique du Nord, qui représente environ 16 % des terres émergées de la planète, est délimitée par les océans Pacifique, Atlantique et Arctique. La partie la plus ancienne du continent, le bouclier canadien, borde la baie d'Hudson. Tout autour, les grands bassins hydrographiques (le Saint-Laurent et les Grands Lacs, le Mississippi et le Mackenzie) occupent la plate-forme nord-américaine.

Alors que les vieilles montagnes érodées des Appalaches constituent le principal relief de l'Est du continent, l'Ouest est marqué par une haute chaîne de montagnes (Rocheuses, Sierra Madre) qui longe toute la côte du Pacifique, de l'Alaska jusqu'au Mexique. Ce massif se prolonge par l'isthme de l'Amérique centrale qui, avec le chapelet d'îles formant les Petites et les Grandes Antilles, délimite la mer des Caraïbes.

La cordillère occidentale comprend les montagnes Rocheuses, au nord, et la Sierra Madre, au sud. Le **mont McKinley**, situé en Alaska, est le plus haut sommet d'Amérique du Nord.

Profond fossé d'effondrement situé 86 m sous le niveau de la mer, la **Vallée de la Mort** (Death Valley), en Californie, est une zone exceptionnellement aride.

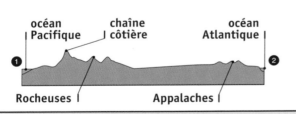

océan Pacifique — chaîne côtière — océan Atlantique

❶ — **❷**

Rocheuses | Appalaches

L'AMÉRIQUE DU NORD EN CHIFFRES	
superficie totale	24 235 583 km²
point le plus élevé	mont McKinley 6 194 m
point le moins élevé	Vallée de la Mort −86 m
fleuve le plus long	Mississippi-Missouri 5 970 km
lac le plus grand	lac Supérieur 82 100 km²
île la plus grande	Groenland 2 175 000 km²

ALTITUDE (EN MÈTRES)
> 3 000
2 000 - 3 000
1 000 - 2 000
500 - 1 000
200 - 500
0 - 200
< 0

80

160

détroit de Bering

60° N

golfe d'Alaska

île de Vancouver

❶

40° N

océan Pacifique

tropique du Cancer

20° N

0 — 500 — 1 000 km

océan Arctique

140° O

120° O   100° O   80° O   60° O   40° O

1000

2000

3000

terre de Baffin

cercle polaire arctique

Mackenzie

baie
d'Hudson

Étendu sur plus de 2 millions
de kilomètres carrés, le **Groenland**
est la plus grande île du monde,
exception faite de l'Australie, qui
est souvent considérée comme
un continent.

montagnes
Rocheuses

bouclier canadien

île de
Terre-Neuve

Le **lac Supérieur** est le plus
vaste des Grands Lacs. Cette
véritable mer intérieure
constitue la plus grande surface
d'eau douce de la planète.

Saint-Laurent

océan
Atlantique

Grand Canyon

L'isthme de Panamá est une
étroite bande de terre de
50 km de large. Le **canal de
Panamá**, qui fait communiquer
la mer des Caraïbes avec
l'océan Pacifique, constitue
la limite méridionale de
l'Amérique centrale.

Missouri

Appalaches

❷

Sierra Madre

Mississippi

Rio Grande

golfe du
Mexique

golfe de
Californie

Grandes
Antilles

mer des
Caraïbes

Petites
Antilles

Amérique centrale

L'Amérique du Sud

Une terre de contrastes

Les continents

L'Amérique du Sud regroupe 12 % des terres du globe. Délimitée par l'océan Pacifique et l'océan Atlantique, elle présente un relief similaire à celui de l'Amérique du Nord. On retrouve à l'est du continent un socle ancien, représenté au nord par le bouclier des Guyanes, au centre par le bouclier brésilien et au sud par le plateau patagonien. Ces plateaux sont séparés par des dépressions que baignent de grands fleuves : l'Orénoque, l'Amazone et le Paraná. Les grands massifs montagneux se retrouvent sur la côte ouest : la cordillère des Andes longe le continent du nord au sud, depuis le Venezuela jusqu'au sud du Chili, où la côte extrêmement découpée témoigne du passage des glaciers. Des hauts sommets des Andes jusqu'aux terres froides de la Patagonie, en passant par les plaines équatoriales de l'Amazonie, l'Amérique du Sud est bel et bien une terre de contrastes.

équateur

10° S

La **cordillère des Andes** représente le massif montagneux le plus élevé du globe après l'Himalaya. S'étendant sur près de 8 000 km, cette chaîne est la plus longue du monde. On y trouve près d'une cinquantaine de sommets dépassant 6 000 m d'altitude.

20° S

tropique du Capricorne

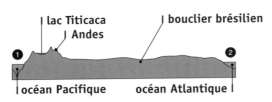

30° S

océan Pacifique

L'AMÉRIQUE DU SUD EN CHIFFRES	
superficie totale	17 814 000 km²
point le plus élevé	Aconcagua 6 960 m
point le moins élevé	péninsule Valdés −40 m
fleuve le plus long	Amazone 6 570 km
lac le plus grand	Titicaca 8 300 km²
chutes les plus hautes	chutes Angel 979 m

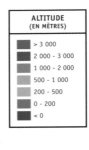

ALTITUDE
(EN MÈTRES)

> 3 000
2 000 - 3 000
1 000 - 2 000
500 - 1 000
200 - 500
0 - 200
< 0

40

0   500   1 000 km

70° O

60° O

50° O

40° O

Orénoque ⌐

bouclier des
Guyanes

Le Venezuela possède les
plus hautes chutes au
monde, les **chutes Angel.**

L'**Amazone** prend naissance dans les
Andes, traverse le Pérou et le Brésil avant
de se jeter dans l'océan Atlantique.
Ce fleuve, qui possède le plus fort débit
du monde, déverse dans l'océan près de
200 000 m³ d'eau à la seconde.

Situé à la frontière du Pérou et
de la Bolivie, le **lac Titicaca**
figure parmi les lacs navigables
les plus élevés du monde, à
3 810 m d'altitude.

❷

bouclier
brésilien

⌐ Paraná

Considéré comme l'un des endroits
les plus secs de la planète, le **désert
d'Atacama** ne reçoit que quelques
millimètres de pluie par année. Dans
certaines régions, aucune précipitation
n'a jamais été enregistrée.

⌐ Point culminant de la cordillère des
Andes, l'**Aconcagua** est un ancien
volcan situé en Argentine, près de
la frontière chilienne.

⌐ péninsule Valdés

océan
Atlantique

plateau
patagonien

⌐ îles Malouines

Terre
de Feu ⌐

Le **cap Horn**, point le plus méridional de
l'Amérique du Sud, n'est distant de l'Antarctique
que de 1 000 km. Il est reconnu pour ses violents
⌐ coups de vent et ses écueils menaçants.

L'Europe

Une péninsule au littoral découpé

Extrémité occidentale du vaste ensemble continental eurasiatique, l'Europe est faiblement étendue (7 % des terres émergées de la planète). Son territoire très découpé est étroitement imbriqué dans les mers environnantes (Méditerranée, mer Noire, mer Baltique, mer du Nord), où se trouvent de nombreuses îles (îles Britanniques, Sicile, etc.).

L'Europe se divise en quatre grands systèmes : les montagnes assez peu élevées du nord-ouest, constituées de plissements géologiques anciens et marquées par l'empreinte glaciaire ; les grandes plaines septentrionales ; les vieilles montagnes centrales érodées (Massif central, Oural) ; enfin, l'Europe alpino-méditerranéenne, au sud, formée de hautes chaînes de montagnes (Pyrénées, Alpes et Carpates).

Islande

L'EUROPE EN CHIFFRES	
superficie totale	10 400 000 km²
point le plus élevé	Elbrous 5 642 m
point le moins élevé	delta de la Volga −28 m
fleuve le plus long	Volga 3 690 km
lac le plus grand	Ladoga 17 600 km²

ALTITUDE (EN MÈTRES)

- \> 3 000
- 2 000 - 3 000
- 1 000 - 2 000
- 500 - 1 000
- 200 - 500
- 0 - 200
- < 0

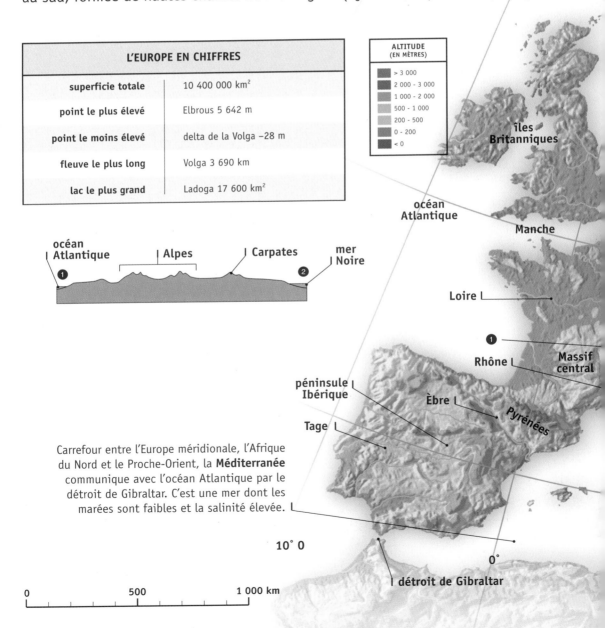

océan Atlantique | Alpes | Carpates | mer Noire

① ②

îles Britanniques

océan Atlantique

Manche

Loire

①

Rhône | Massif central

péninsule Ibérique

 Èbre

Pyrénées

Tage

Carrefour entre l'Europe méridionale, l'Afrique du Nord et le Proche-Orient, la **Méditerranée** communique avec l'océan Atlantique par le détroit de Gibraltar. C'est une mer dont les marées sont faibles et la salinité élevée.

10° O

0°

détroit de Gibraltar

0   500   1 000 km

De profondes vallées, nommées fjords, pénètrent les côtes de Norvège. La plus longue d'entre elles, le **Sognefjord**, s'étend sur plus de 200 km.

presqu'île de Kola

monts Kjölen

Les **montagnes de l'Oural**, en Russie, marquent la frontière entre l'Europe et l'Asie.

70° N

cercle polaire arctique

60° N

golfe de Botnie

lac Ladoga

mer Baltique

Les eaux de la **Volga**, le plus long fleuve d'Europe, traversent les vastes plaines de Russie avant de se jeter dans la mer Caspienne.

lac Vänern

er du Nord

péninsule du Jylland

Vistule

50° N

Rhin

Don

Elbe

Étendues sur 1 200 km de longueur, les Alpes forment le plus important système montagneux d'Europe de l'Ouest. Elles culminent au **mont Blanc** (4 808 m), à la frontière de la France et de l'Italie.

Dniepr

Aux confins de l'Europe, le **mont Elbrous** s'élève à 5 642 m d'altitude, ce qui en fait le point culminant du continent.

Alpes

Danube

Carpates

❷

mer Noire

40° N

Corse

Située près du point de rencontre des plaques eurasiatique et africaine, l'Italie connaît une activité volcanique importante avec l'Etna, le Stromboli et le **Vésuve**.

Sardaigne

Sicile ▲ **Etna**

10° E

20° E

30° E

40° E

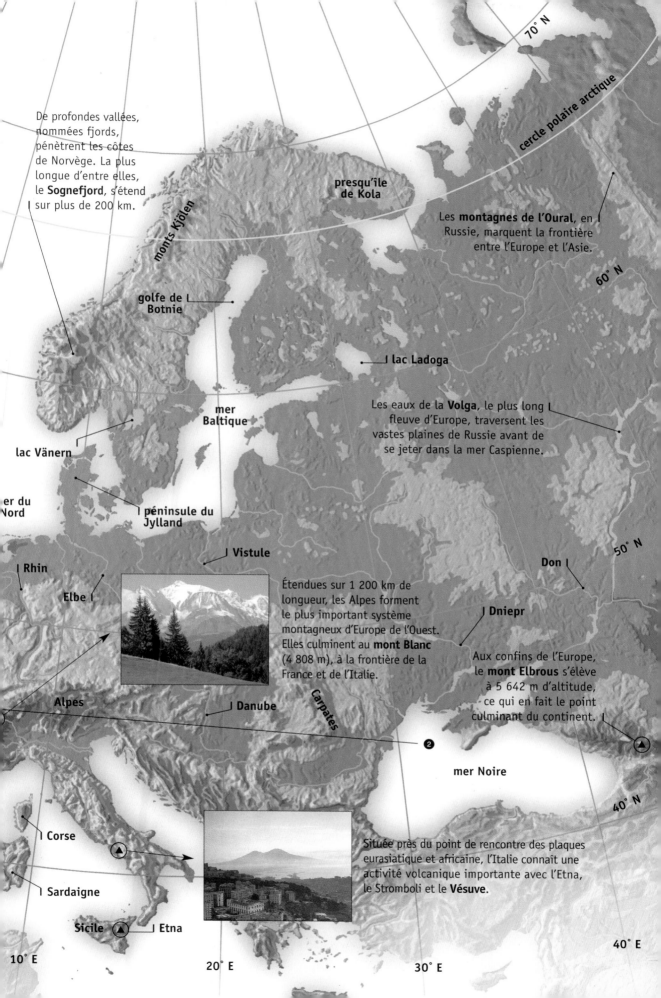

L'Asie

Le plus vaste continent du globe

Formant les quatre cinquièmes de l'Eurasie, l'Asie est la plus vaste région du monde (32 % des terres émergées de la planète). Le relief est constitué en partie de boucliers très anciens : la péninsule arabique et la péninsule indienne, situées en bordure de l'océan Indien, et le plateau de Sibérie centrale. Les steppes du Turkestan et la plaine de Sibérie occidentale sont des régions basses formées de couches sédimentaires. L'élément dominant demeure cependant les imposantes chaînes de montagnes qui traversent le continent d'ouest en est (Hindu Kuch, Himalaya) et qui se prolongent dans l'océan Pacifique pour former l'Indonésie et les Philippines au sud, le Japon et le Kamtchatka au nord.

Sans accès à l'océan, la **mer Caspienne** constitue le plus vaste lac du monde. Elle est située à 28 m sous le niveau de la mer.

L'endroit le moins élevé de toutes les terres émergées du monde se trouve à près de 400 m en dessous du niveau de la mer : il s'agit de la **mer Morte**, au Proche-Orient.

60° N

plaine de Sibérie occidentale

Ob

mer d'Aral

40° N

Turkestan

Hindu-Kush

tropique du Cancer

golfe Persique

mer Rouge

20° N

péninsule arabique

Indus

Himalaya

Japon

Himalaya

Gange

péninsule indienne

océan Indien

40° E

60° E

L'ASIE EN CHIFFRES	
superficie totale	44 614 000 km²
point le plus élevé	Everest 8 848 m
point le moins élevé	mer Morte −396 m
fleuve le plus long	Yangzi Jiang 6 300 km
lac le plus grand	mer Caspienne 386 400 km²

ALTITUDE (EN MÈTRES)

> 3 000
2 000 - 3 000
1 000 - 2 000
500 - 1 000
200 - 500
0 - 200
< 0

océan Indien

équateur

0   500   1 000 km

80° E

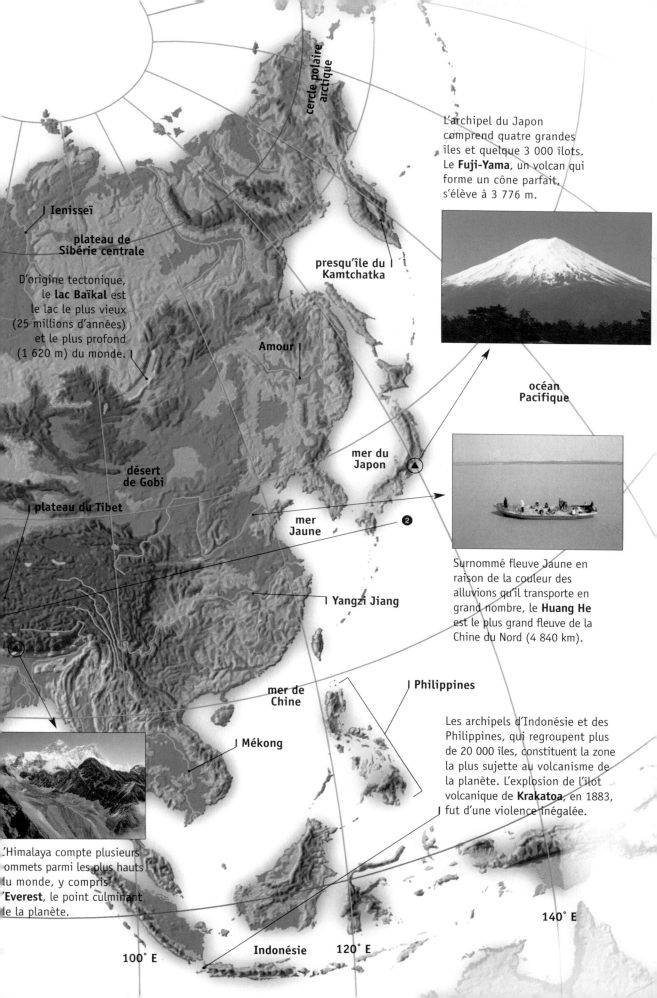

Ienisseï

plateau de Sibérie centrale

D'origine tectonique, le **lac Baïkal** est le lac le plus vieux (25 millions d'années) et le plus profond (1 620 m) du monde.

cercle polaire arctique

presqu'île du Kamtchatka

Amour

L'archipel du Japon comprend quatre grandes îles et quelque 3 000 îlots. Le **Fuji-Yama**, un volcan qui forme un cône parfait, s'élève à 3 776 m.

océan Pacifique

mer du Japon

désert de Gobi

plateau du Tibet

mer Jaune

❷

Surnommé fleuve Jaune en raison de la couleur des alluvions qu'il transporte en grand nombre, le **Huang He** est le plus grand fleuve de la Chine du Nord (4 840 km).

Yangzi Jiang

mer de Chine

Philippines

Mékong

Les archipels d'Indonésie et des Philippines, qui regroupent plus de 20 000 îles, constituent la zone la plus sujette au volcanisme de la planète. L'explosion de l'îlot volcanique de **Krakatoa**, en 1883, fut d'une violence inégalée.

L'Himalaya compte plusieurs sommets parmi les plus hauts du monde, y compris l'**Everest**, le point culminant de la planète.

Indonésie

100° E

120° E

140° E

L'Océanie

Une multitude d'îles au cœur du Pacifique

À l'inverse des autres continents, l'Océanie ne désigne pas un territoire entouré de mers, mais plutôt une profusion d'îles éparpillées entre l'océan Pacifique et l'océan Indien. Avec ses 7 682 000 km², l'Australie constitue le véritable ~~continent~~ océanien. Les innombrables îles qui l'entourent sont regroupées en trois ensembles géographiques : la Mélanésie, au nord-est de l'Australie, qui inclut la Papouasie–Nouvelle-Guinée ; la Micronésie, située plus au nord ; et la Polynésie, rassemblant toutes les terres jusqu'au milieu de l'océan Pacifique et qui comprend la Nouvelle-Zélande. La superficie totale de l'Océanie représente 6 % des terres émergées de la planète.

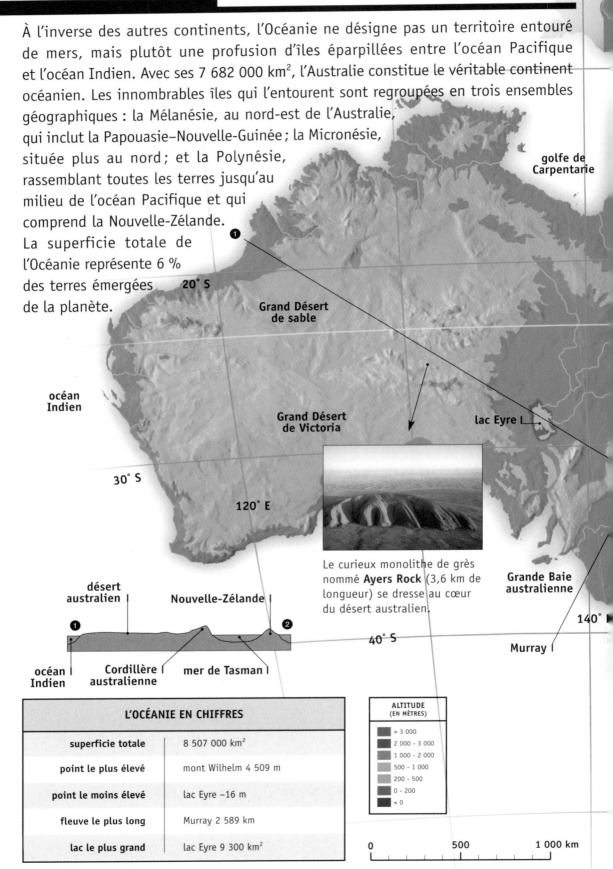

golfe de Carpentarie

20° S

Grand Désert de sable

océan Indien

Grand Désert de Victoria

lac Eyre

30° S

120° E

Le curieux monolithe de grès nommé **Ayers Rock** (3,6 km de longueur) se dresse au cœur du désert australien.

Grande Baie australienne

140°

désert australien | Nouvelle-Zélande |

❶ ❷

40° S

Murray |

océan Indien | Cordillère | mer de Tasman | australienne

L'OCÉANIE EN CHIFFRES	
superficie totale	8 507 000 km²
point le plus élevé	mont Wilhelm 4 509 m
point le moins élevé	lac Eyre –16 m
fleuve le plus long	Murray 2 589 km
lac le plus grand	lac Eyre 9 300 km²

ALTITUDE (EN MÈTRES)

> 3 000
2 000 - 3 000
1 000 - 2 000
500 - 1 000
200 - 500
0 - 200
< 0

0   500   1 000 km

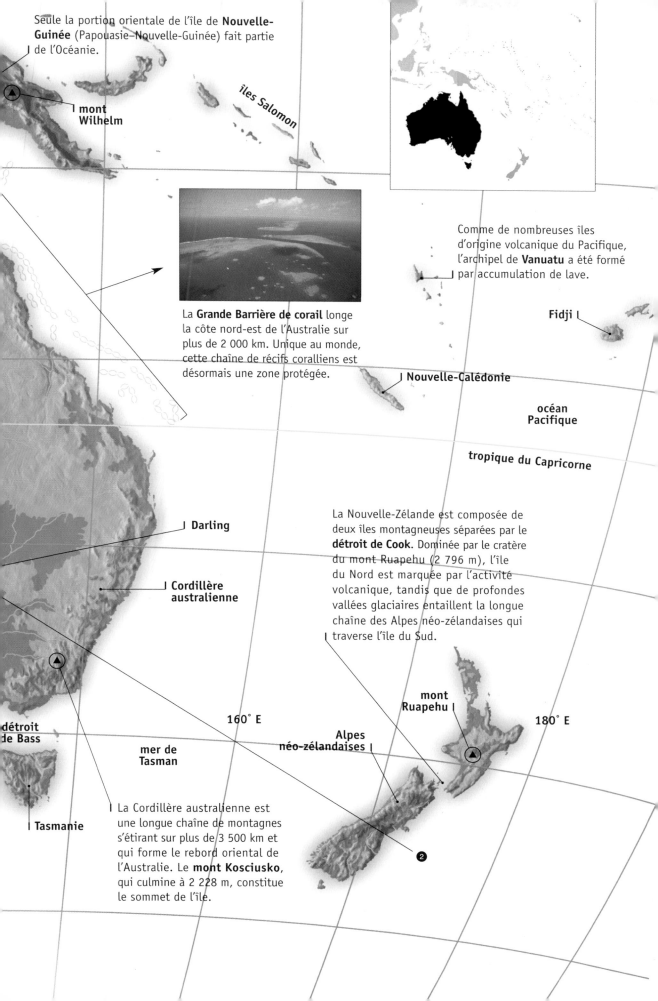

Seule la portion orientale de l'île de **Nouvelle-Guinée** (Papouasie–Nouvelle-Guinée) fait partie de l'Océanie.

mont Wilhelm

îles Salomon

La **Grande Barrière de corail** longe la côte nord-est de l'Australie sur plus de 2 000 km. Unique au monde, cette chaîne de récifs coralliens est désormais une zone protégée.

Comme de nombreuses îles d'origine volcanique du Pacifique, l'archipel de **Vanuatu** a été formé par accumulation de lave.

Fidji

Nouvelle-Calédonie

océan Pacifique

tropique du Capricorne

Darling

Cordillère australienne

La Nouvelle-Zélande est composée de deux îles montagneuses séparées par le **détroit de Cook**. Dominée par le cratère du mont Ruapehu (2 796 m), l'île du Nord est marquée par l'activité volcanique, tandis que de profondes vallées glaciaires entaillent la longue chaîne des Alpes néo-zélandaises qui traverse l'île du Sud.

mont Ruapehu

détroit de Bass

160° E

Alpes néo-zélandaises

180° E

mer de Tasman

La Cordillère australienne est une longue chaîne de montagnes s'étirant sur plus de 3 500 km et qui forme le rebord oriental de l'Australie. Le **mont Kosciusko**, qui culmine à 2 228 m, constitue le sommet de l'île.

Tasmanie

❷

L'Afrique

Un continent plat bordé de reliefs escarpés

Traversée en son centre par l'équateur, l'Afrique est un continent massif couvrant 30 365 000 km² (20 % des terres émergées du globe). Elle est constituée en majeure partie d'un socle très ancien, formant un plateau continental qui s'achève par des côtes rectilignes et escarpées comptant très peu d'îles. Les montagnes se concentrent au nord du continent (Atlas), au sud (Drakensberg) et surtout à l'est (Massif éthiopien), où elles sont entaillées par une suite de fossés d'effondrement, le Grand Rift. La zone intertropicale, couverte de forêts et de savanes, est drainée par de puissants fleuves (Congo, Niger), alors que les régions situées sous les tropiques, où se retrouvent les déserts (Sahara, Namib, Kalahari), en sont pratiquement privées.

10° O

30° N

Atlas

tropique du Cancer

20° N

Sénégal

10° N

Niger

golfe Guiné

équateur

Avec une superficie de plus de huit millions de kilomètres carrés, le **Sahara** est le plus grand désert du monde. Il s'étend de l'océan Atlantique à la mer Rouge et couvre la plus grande partie du Nord de l'Afrique.

plaine du Congo

Kilimandjaro

lac Victoria

Grand Rift

❶

❷

océan Atlantique

océan Indien

océan Atlantique

tropique du Capri

L'AFRIQUE EN CHIFFRES	
superficie totale	30 365 000 km²
point le plus élevé	Kilimandjaro 5 895 m
point le moins élevé	lac Assal −156 m
fleuve le plus long	Nil 6 670 km
lac le plus grand	Victoria 69 500 km²

ALTITUDE (EN MÈTRES)
> 3 000
2 000 - 3 000
1 000 - 2 000
500 - 1 000
200 - 500
0 - 200
< 0

0   500   1 000 km

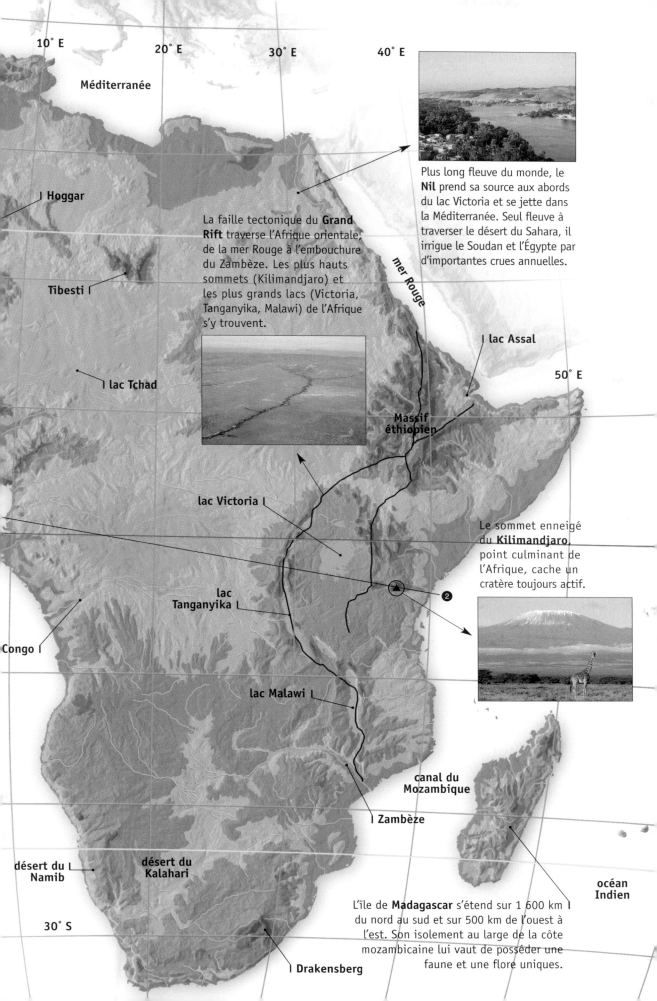

10° E　20° E　30° E　40° E

Méditerranée

| Hoggar

La faille tectonique du **Grand Rift** traverse l'Afrique orientale, de la mer Rouge à l'embouchure du Zambèze. Les plus hauts sommets (Kilimandjaro) et les plus grands lacs (Victoria, Tanganyika, Malawi) de l'Afrique s'y trouvent.

Plus long fleuve du monde, le **Nil** prend sa source aux abords du lac Victoria et se jette dans la Méditerranée. Seul fleuve à traverser le désert du Sahara, il irrigue le Soudan et l'Égypte par d'importantes crues annuelles.

mer Rouge

Tibesti |

| lac Tchad

| lac Assal

50° E

Massif éthiopien

lac Victoria |

Le sommet enneigé du **Kilimandjaro**, point culminant de l'Afrique, cache un cratère toujours actif.

lac
Tanganyika |

❷

Congo |

lac Malawi |

canal du Mozambique

| Zambèze

désert du | Namib

désert du Kalahari

océan Indien

L'île de **Madagascar** s'étend sur 1 600 km du nord au sud et sur 500 km de l'ouest à l'est. Son isolement au large de la côte mozambicaine lui vaut de posséder une faune et une flore uniques.

30° S

| Drakensberg

Glossaire

abrasion
Usure mécanique d'une roche par frottement avec un solide.

agrégat
Ensemble d'éléments distincts unis solidement.

alizé
Vent régulier soufflant d'est en ouest dans la zone intertropicale, et notamment au-dessus des océans Pacifique et Atlantique.

alluvions
Matériaux solides (sable, gravier, limon, galets) transportés et déposés par un cours d'eau.

altitude
Distance verticale d'un point par rapport à un niveau de référence, en général le niveau moyen de la mer.

amplitude
Différence entre les valeurs extrêmes d'un phénomène variable : température, marées, vagues, etc.

archipel
Groupe d'îles.

arc insulaire
Groupe d'îles volcaniques alignées parallèlement à une fosse sous-marine.

arête
Crête effilée d'une montagne, séparant deux vallées glaciaires.

atmosphère
Couche gazeuse qui entoure la Terre.

baie
Partie plus ou moins ouverte d'une étendue ou d'un cours d'eau qui pénètre à l'intérieur des terres. Une baie est en général plus petite qu'un golfe.

banquise
Vaste couche de glace flottant sur les mers des régions polaires.

bassin hydrographique
Territoire drainé par un fleuve et par ses affluents.

bathymétrie
Mesure de la profondeur des mers.

canyon
Vallée étroite et profonde aux parois abruptes, généralement creusée dans un plateau calcaire.

canyon sous-marin
Gorge sous-marine creusée dans le plateau continental par le courant des grands fleuves ou par des glissements de terrain.

cercle polaire
Ligne imaginaire située sur le parallèle 66° 34' de latitude nord (cercle polaire arctique) ou sud (cercle polaire antarctique). Il constitue la limite de la zone polaire dans laquelle le jour dure vingt-quatre heures au solstice d'été et où le Soleil n'apparaît pas au solstice d'hiver.

chaîne de montagnes
Ensemble allongé de montagnes reliées entre elles et dirigées dans la même direction.

champ magnétique
Région à l'intérieur de laquelle une force magnétique existe.

colline
Relief de faible altitude (100 à 300 m), au sommet arrondi.

convection
Circulation d'un fluide (gazeux ou visqueux).

corail
Animal primitif vivant le plus souvent en colonie arborescente constituant des récifs.

cordillère
Chaîne de montagnes longue et étroite, en Amérique et en Australie.

côte
Bande de terrain où la terre entre en contact avec la mer. La largeur de la côte, variable, dépend du relief : elle est limitée par le premier changement majeur dans la morphologie du terrain.

crue
Élévation soudaine du niveau d'un cours d'eau, due à de fortes précipitations ou à la fonte des neiges.

débit d'un cours d'eau
Volume d'eau s'écoulant en un endroit donné par unité de temps. Le débit d'un fleuve, mesuré à son embouchure, est exprimé en m^3/s.

dépression
Partie creuse du relief, cuvette.

détroit
Passage maritime naturel entre deux côtes, relativement étroit.

dune
Colline de sable formée par l'action du vent sur les littoraux et dans les déserts.

eau douce
Eau très peu chargée en sels minéraux.

écume
Mousse blanchâtre qui se forme à la surface des eaux agitées.

élément chimique
Corps qui ne comprend qu'un seul type d'atomes, de même nombre atomique (le même nombre de protons).

embouchure
Lieu où un cours d'eau se jette dans la mer ou dans un lac.

éon
La plus longue unité de temps géologique, formée de plusieurs ères.

époque
Unité de temps géologique, subdivision de la période.

ère
Unité de temps géologique, immédiatement inférieure à l'éon, et qui se compose de plusieurs périodes.

faille
Fracture de l'écorce terrestre qui provoque le déplacement horizontal ou vertical d'un bloc par rapport à l'autre.

faisceau
Ensemble de rayonnements électromagnétiques issus d'une même source.

fossé d'effondrement
Dépression allongée de grande dimension, aux versants raides, formée par l'affaissement d'un bloc de terrain entre deux failles.

fosse océanique
Dépression océanique étroite, longue de plusieurs milliers de kilomètres et profonde de 5 000 à 11 000 m.

fossile
Reste ou empreinte d'un animal ou d'une plante ayant vécu en des temps préhistoriques, qui ont été conservés dans les roches sédimentaires de la croûte terrestre.

géographie
Science qui décrit et explique l'aspect actuel, physique et humain, de la surface de la Terre.

Glossaire

géologie
Science qui a pour objet l'étude de la Terre, des matériaux qui la composent, des forces et des processus qui l'ont façonnée et qui la transforment.

glaciation
Période géologique pendant laquelle les glaciers ont recouvert une grande partie de la surface terrestre.

golfe
Partie de la mer qui s'avance profondément à l'intérieur des terres, plus ou moins ouverte sur le large. Un golfe est plus vaste et généralement plus fermé qu'une baie.

imagerie
Technique de production d'images, virtuelles ou réelles, à l'aide de différents types de rayonnements.

isthme
Étroite bande de terre, située entre deux étendues d'eau, et qui fait communiquer deux terres plus vastes.

magnitude
Mesure de la quantité d'énergie dégagée par un séisme et sa représentation sur une échelle numérique.

marge continentale
Région sous-marine située en bordure d'un continent et qui fait le lien entre la terre ferme et les fonds océaniques.

massif
Ensemble montagneux, souvent constitué de roches anciennes, qui peut prendre des formes variées (plateaux, formations volcaniques, éléments fortement érodés).

méandre
Sinuosité que décrit un cours d'eau coulant sur un terrain à faible pente. Il se caractérise par l'opposition entre sa rive convexe, où se déposent des alluvions, et sa rive concave, creusée par l'érosion fluviale.

monolithe
Bloc rocheux formé d'une seule masse.

niveau de base
Niveau au-dessous duquel un cours d'eau ne peut plus éroder son lit. Il s'agit souvent du niveau de la mer.

organique
Relatif aux êtres vivants et aux matières qui en dérivent.

péninsule
Portion de terre entourée par la mer de tous les côtés sauf un, où un isthme plus ou moins large la relie au continent.

période
Unité de temps géologique, subdivision de l'ère, et qui comprend plusieurs époques.

pic
Sommet rocheux d'une montagne, en forme de pointe aiguë.

plaine
Vaste étendue de terre relativement plate, moins élevée que les reliefs environnants, et dont les vallées sont faiblement creusées.

plateau
Étendue de terre relativement plate, qui se distingue de la plaine par les vallées profondes et encaissées qui la délimitent et par son altitude plus élevée que les régions environnantes.

pôle géographique
Chacun des deux points (pôle Nord et pôle Sud) de la surface terrestre par lesquels passe l'axe de rotation de la Terre.

précipitations
Ensemble des formes liquides et solides sous lesquelles l'eau contenue dans l'atmosphère parvient à la surface de la Terre (pluie, neige, grêle, brouillard, rosée, etc.).

prisme d'accrétion
Masse de sédiments arrachés à la plaque océanique en subduction, qui s'accumule dans une zone de convergence.

pyroclaste
Débris provenant d'une éruption volcanique.

radioactivité
Transformation naturelle de certains éléments chimiques en d'autres éléments, s'accompagnant de l'émission de particules ou de rayonnements électromagnétiques.

récif corallien
Récif des mers chaudes et peu profondes, constitué par l'accumulation de millions de squelettes de coraux, combinés avec du sable, des fragments de coquillages et les sécrétions calcaires de certaines algues.

réfraction
Phénomène par lequel un rayonnement est dévié en changeant de milieu.

relief
Ensemble des dénivellations (dépressions et élévations) de la surface topographique d'une région.

résolution
Nombre de points par unité de mesure détectables par le balayage d'un instrument de mesure. Une haute résolution indique une grande sensibilité optique de l'instrument.

salinité
Proportion de sels dissous dans un milieu. Les sels contenus dans l'eau de mer proviennent des minéraux transportés par les rivières.

sédiments
Matériaux minéraux solides (roches, sables, boues) ayant été arrachés à leur milieu d'origine par un agent d'érosion, transportés par l'eau, la glace ou le vent, et déposés en un autre endroit. Des matières organiques peuvent également former des sédiments.

sol
Couche superficielle de la croûte terrestre, résultant de l'altération des roches au contact de l'atmosphère et des êtres vivants.

solstice
Chacune des deux époques de l'année où le Soleil atteint son plus important éloignement du plan de l'équateur et qui correspondent au jour le plus court (solstice d'hiver) et au jour le plus long (solstice d'été).

steppe
Vaste plaine des régions à climat sec, caractérisée par sa végétation herbacée.

temps géologique
Période écoulée depuis la formation de la Terre jusqu'à l'apparition de l'écriture, qui marque le début du temps historique.

toponymie
Étude linguistique des noms de lieux (les toponymes).

ultrason
Vibration sonore de fréquence trop élevée pour être perceptible par l'oreille humaine (plus de 20 000 hertz).

zénith
Point de la sphère céleste situé au-dessus d'un observateur.

Index

Les termes en MAJUSCULES et la pagination en **caractères gras** renvoient à une entrée principale. Le symbole [G] indique une entrée de glossaire.

Index

Les termes en MAJUSCULES et la pagination en **caractères gras** renvoient à une entrée principale. Le symbole [G] indique une entrée de glossaire.

Crédits photographiques